FLORA

der

Umgebung von Laubach (Oberhessen)

enthaltend:

Die Gefässpflanzen

nebst

Pflanzengeographischen Betrachtungen

(mit einer Karte)

von

Dr. Wilhelm Lahm.

Gymnasiallehrer.

J. Ricker'sche Buchhandlung.
Giessen 1887.

Druck von H. Robert in Grünberg.

Seinem früheren Lehrer

dem

Herrn Geheimerat

Dr. phil. und med. H. Hoffmann

Professor der Botanik an der Ludewigs-Universität

zu Giessen

als ein Zeichen seiner

Verehrung und Dankbarkeit

Der Verfasser.

Quellenangabe.

H. Hoffmann: „Nachträge zur Flora des Mittelrhein-Gebietes." Bericht der Oberhessischen Gesellschaft für Natur- und Heilkunde. Nr. XVIII (1879), Nr. XIX (1880), Nr. XX (1881), Nr. XXI (1882), Nr. XXII (1883), Nr. XXIII (1884), Nr. XXV (1887).

„Untersuchungen über Variation," ebenda. Nr. XVI (1877).

„Pflanzenarealstudien in den Mittelrheingegenden" ebenda, Nr. XII (1867) und Nr. XIII (1869).

„Pflanzenverbreitung und Pflanzenwanderung." Darmstadt 1852.

„Ein Beitrag zur Lehre von der Vitalität der Samen." Bot. Ztg. 1875, Nr. 42 und 43.

O. Drude: „Die Florenreiche der Erde." Heft 74 zu Petermanns Mitteilungen. — Gotha 1874.

O. Heer: „Die Urwelt der Schweiz." Zweite Aufl. Zürich 1879.

R. Hilbert: „Über die Beziehungen der norddeutschen Moorflora zu der arktisch-alpinen Flora." Naturw. Rund. Nr. 51, 1886.

K. Möbius: „Die Bildung, Geltung und Bezeichnung der Artbegriffe und ihr Verhältnis zur Abstammungslehre." Zool. Jahrb. Bd. I. 1886.

J. Leunis, „Synopsis der Pflanzenkunde" von A. B. Frank, dritte Aufl. 1885—86.

A. Wiegand: „Flora von Kurhessen und Nassau." Dritte Aufl. 1879.

A. Garcke: „Flora von Deutschland." Dreizehnte Aufl. 1878.

Heyer-Rossmann: „Phanerogamen-Flora von Oberhessen, insbesondere der Umgebung von Giessen." (Abdruck aus den Berichten der Oberhessischen Gesellschaft für Natur- und Heilkunde.)

Wagner-Garcke: „Illustrierte deutsche Flora," Stuttgart 1882.

Gärtner-Meyer und Scherbius: Flora der Wetterau 1799.

H. Schiller: „Handbuch der praktischen Pädagogik." Leipzig 1886.

Zur
Flora der Umgebung von Laubach.

(Die Flora, für sich allein, erscheint als Beigabe zu dem Osterprogramm 1887 des Gymnasium Fridericianum zu Solms-Laubach.)

Vorbemerkung.

Nachstehendes Pflanzen- und Standortsverzeichnis erstreckt sich über einen Flächenraum von etwa einer Quadratmeile, mit der Stadt Laubach als Mittelpunkt. Der Bezirk liegt in der südwestlichen Abdachung des Vogelsberges, von 150 m bis zu 450 m Meereshöhe ansteigend; er ist gänzlich von Basalt, oder den Zersetzungsprodukten desselben überlagert, so dass in geognostischer Beziehung und hinsichtlich der chemischen Beschaffenheit des Bodens nur äusserst geringe Unterschiede vorhanden sind. Zwei Drittel der Gesamtfläche sind von Wald bedeckt, ein Viertel steht unter dem Pfluge, der Rest ist Wiesenland. In dem Waldbestand herrscht die Rotbuche vor (85 bis 90 Prozent). Die Eiche, die Kiefer und die Fichte finden sich nur in kleineren Schlägen, oder vereinzelt, die letztgenannte ist häufig zur Randeinfassung des Waldes verwertet. (Abschluss und Schutz des Waldes gegen Wind.)

Drei wasserreiche Bäche durchströmen das Gebiet:

1. Die Horloff. Von dem Wenzelskopf und Halgarten (in der Nähe ihrer Quelle) bis unterhalb von Ruppertsburg (Henriettenhof) mit einer Länge von zwölf Kilometern. Ihr Lauf bildet die Grenze im Süd-Osten und Süden, nur zwischen der Horloffsmühle und Ruppertsburg wird die Horloff in der Richtung nach Süden überschritten.
2. Die Wetter. Von dem Hessenbrücker Hammer an aufwärts über Wetterfeld, Laubach, durch die Steinbach, zum Wetterauergrund bis Sorgenlos, dem nördlichen Nachbar des Wenzelsgrundes. Länge etwa zwölf Kilometer. Die Wetter empfängt drei stärkere Zuflüsse.
   a. Den Schellenbach. Seine Quellen liegen in der botanisch reichen, zum Teil sumpfigen „Zwillingsseife“ (Arnica mon-

tana, Cephalanthera rubra, Gymnadenia conopsea, Nardus stricta, Orchis coriophora, Orobus niger, Pteris aquilina, Thesium pratense, Trifolium spadiceum), nordöstlich von L. Er durchfliesst, im Bogen von Norden über Osten nach Süden zu, ein schmales Wiesenthal mit sumpfigen Stellen, und mündet oberhalbvon Laubach. (In der sog. Steinbach.)

b. Den Abfluss aus dem Tiergärtnerteich. Letzterer ist zwanzig Minuten in nördlicher Richtung von L. entfernt. Sein oberer, sumpfiger Rand, sowie die ihm zur Rechten und Linken gelegenen Wiesengründe (Wann- und Schulmeisterswiese) liefern dem Botaniker reiche, und zum Teil seltene Ausbeute. (Botrychium lunaria, Comarum palustre, Eriophorum angustifolium, E. latifolium, Limosella aquatica, Menyanthes trifoliata, Parnassia palustris, Pedicularis palustris, Pirola uniflora, Ophioglossum vulgatum.) Der dritte Zufluss soll wegen seines Wasserreichtums als besonderer Bach aufgeführt werden, es ist:

3. Die Lauter. Sie mündet unterhalb von Wetterfeld, nachdem sie, von Norden kommend, ein freundliches Wiesenthal, das bis zum Dörfchen Lauter sich hinzieht, durchströmt hat. Ihre Quellen liegen, von hier aus, noch drei Kilometer in nordöstlicher Richtung aufwärts. Gesamtlänge sechs Kilometer.

Zwischen der Lauter und dem Abfluss des Tiergärtnerteiches zieht in nord-östlicher Richtung ein nicht breiter, bewaldeter, kammähnlicher Rücken (fünf Kilometer lang) mit steilem Abfall nach Süd-Osten und Nord-Westen — die Einfirste genannt — gleichfalls botanisch interessant. (Actäa spicata, Campanula persicifolia, Carex digitata, Gagea lutea, Hypericum tetrapterum, Polypodium vulgare.) Die Lauter bildet die Grenze von West-Nordwest- bis Norden.

Im Osten und Nord-Osten liegt der Seenbach quer vor, dessen südliche Abdachung noch in das aufgenommene Gebiet fällt, das an einigen Stellen (Freienseen, Schreinersmühle) den Bach selbst erreicht.

Innerhalb dieses Flächenraums habe ich mit meinen Schülern (aus Quarta und Tertia) seit neun Sommern alljährlich häufigere botanische Ausflüge (Exkursionen) unternommen, und die nachstehend verzeichneten Pflanzen und Standorte gefunden.

Weitaus das meiste Material ist bei diesen Gelegenheiten von uns selber gesammelt worden, doch sind zur thunlichsten Vervollständigung der Flora auch alle grösseren Herbarien, die aus dem Gebiete Pflanzen enthalten, und mir erreichbar waren, durchsucht worden; unter gewissenhafter Angabe der betreffenden Quelle. Von grösseren Herbarien sind vorhanden:

1. Das Solms'sche. (Im Besitz des Gymnasiums.) Es enthält Pflanzen, die gesammelt sind, teils von Sr. Erlaucht dem

Grafen Reinhard zu Solms-Laubach (gestorben 1870), teils von dem regierenden Herrn: Friedrich, Graf zu Solms, Erlaucht, teils von dem derzeitigen Professor der Botanik in Göttingen, Hermann, Graf zu Solms, Erlaucht.

2. Das Roth'sche. (Im Privatbesitz.) Es ist angelegt von Herrn Präzeptor Roth in Laubach, und von dessen Sohn, Herrn Kalkulator Roth in Darmstadt.

Bei der Aufnahme von Pflanzen in die vorliegende Arbeit waren folgende Gesichtspunkte entscheidend:

1. Einheimisch im Gebiet, oder seit langer Zeit acclimatisiert.
2. Jede ausländische Pflanze, die verwildert ist, und sich ohne Beihilfe des Menschen erhält. (Rudbeckia laciniata.)
3. Alle häufiger angepflanzten, nicht einheimischen Holzgewächse, die ohne besonderen Schutz (Gewächshäuser) aushalten, und solche perennierenden Gewächse, die bestimmten Unterrichtszwecken dienen (Myrrhis odorata).

Bei allen, nicht gerade „gemeinen" oder „sehr häufigen" Pflanzen sind Standorte genauer angegeben, da der Verbreitungsübersicht im engeren Gebiete nicht gedient ist mit dem einfachen Zusatz „bei Laubach."

In der Anordnung bin ich dem „Braun-Hanstein-Eichler'schen System" gefolgt, wie es Frank in: „Leunis, Synopsis der Pflanzenkunde 1885" mitgeteilt hat.

In betreff der Pflanzenbenennung (Speciesauffassung) habe ich mich fast durchweg der in der Flora von: „Wagner-Garcke 1882" gewählten Vereinfachung angeschlossen, und zwar aus folgenden Gründen: Wenn ich auch einerseits damit übereinstimme, dass ein Fortschritt zum Bessern nur dadurch mit erreicht werden kann, wenn der Systematiker bei der Einreihung von Einzelnwesen in die zugehörige Art, nicht nur berechtigt, sondern sogar verpflichtet ist, auch die kleinsten Unterschiede zu beachten und zunächst nach eignem Ermessen deren Wert für die Stellung im System zu beurteilen — nicht aber nach blossem Herkommen, oder gar unter Zuhilfenahme der Abstammungslehre gewisse Eigenschaften als typisch für den Artbegriff zu fassen, andere aber als minderwertig, gleichgültig oder zufällig zu achten, — so glaube ich doch andererseits, dass auf dem Gebiet der Pflanzenkunde das „freie" Recht, nach eigenem Gefallen und Geschmack, beliebig grosse Formenkreise zu Arten zu vereinigen, andere zu trennen — wie es sich als Endzweck des rein monographischen Studiums ergeben muss — heute wesentlich einzuschränken ist.

Denn über die endgültige Stellung einer Pflanze oder Pflanzengruppe im System entscheidet nicht „subjektive" Auffassung, oder einfach aufzählende Beobachtung zahlreicher Individuen, sondern das Ergebnis, das die Pflanzenzüchtung — der Kulturversuch — liefert. Letzterer ist für den Botaniker von gleich hoher Bedeutung, wie das Experiment für den Physiker und Chemiker. Denn auch der Züchtungsversuch, der das Lebendige belauschen muss, wie es „wird“ und „sich verändert,“ ist als eine direkte Fragestellung an die Natur zu betrachten, insofern, als er allein geeignet ist, eine sichere Antwort zu geben auf die Frage: „Wie weit ist unsere Artauffassung und sonach unser dahin zielendes Urteil begründet — also berechtigt — wie weit nicht?“

„Ein“ positives Ergebnis des Züchtungsversuches ist entscheidend — es entwertet die Autoritätsauffassung des Monographen — und selbst Resultate in negativem Sinn bereichern unsere Ausgangs- und Stützpunkte in der weiteren Frage: Welche Eigenschaften können massgebend sein für den Charakter einer „guten“ Art? Trotzdem in den meisten Fällen die Pflanzenzüchtung Beobachtungen durch längere Zeiträume hindurch verlangt, so reicht doch ein Menschenalter hin, um zahlreiche wichtige Thatsachen zu klären, die der Systematiker nicht unbeachtet lassen darf. (Vergl. „Hoffmann, Untersuchungen über Variation.“ XVI. Bericht der oberhessischen Gesellschaft für Natur- und Heilkunde 1877.) Was sonach die Begriffsbestimmung einer Species anbelangt, so galten dem Verfasser folgende Grundsätze als massgebend:

1. Der Artcharakter einer Pflanze muss sich im Vergleich mit den ihr ähnlichsten Formen in mindestens einem, oder einer Gruppe konstanter, unterscheidender Kennzeichen ausprägen, die für den geübten Beobachter sofort klar und unzweideutig hervortreten müssen.
2. Der Wert aller angenommenen Arteigenschaften wird zweifelhaft, sobald diese durch den Züchtungsversuch wesentlich erschüttert werden.

Der zweite Grund, der mich die oben angeführte Vereinfachung wählen liess, war ein pädagogischer. Das Ziel des naturgeschichtlichen Unterrichtes in unseren Schulen ist ein doppeltes. 1) Durch und in dem naturgeschichtlichen Unterricht soll das Anschauungsvermögen des Kindes ausgebildet, das Auge geschult werden, dadurch dass der aufmerksame Blick auf die Mannigfaltigkeit der Dinge ausser uns gelenkt wird, auf lebendige, in sich vollkommene Naturgegenstände mit besonderen Eigentümlichkeiten in Bau und Leben. Die unter Anregung und Leitung des Lehrers zu machenden Entdeckungen, als da sind: Die Auffindung des wunderbaren Baues der Einzelnwesen, und der Gliederung des ganzen Naturreiches; die Erkenntnis der Beziehungen der Lebewesen unter sich und zu den leblosen, ihre

Bedeutung für den Menschen, führen den Schüler zu denkender Betrachtung der Natur und zu verständigem Umgang mit ihr. Der verständige Umgang aber hat zur notwendigen Folge einen liebevollen Verkehr, den der Lehrplan als zweite Anforderung aufstellt.

Zur Erreichung des Gesamtzieles ist in betreff des ersten Punktes vor allem Masshalten notwendig. Die Unterrichtsmethode und der gebotene Stoff müssen — schon in Rücksicht auf das jugendliche Alter — einfacher gehalten werden, als bei dem Studenten. Dieser Überzeugung habe ich überall thunlichst nachgegeben. Wenn beispielsweise der Unterschied zweier ähnlichen Pflanzen sich in Merkmalen ausprägt, die verhältnismässig leicht und sicher (wenn thunlich ohne Lupe) zu beobachten und wieder aufzufinden sind, so habe ich stets diese gewählt und mir mit ihnen genügen lassen, da durch das Ausspinnen und Erweitern der Diagnose die Schärfe der Begriffsbestimmung häufig getrübt und unsicher wird.[1]) Den Gebrauch der Lupe schränke ich — da er sich nicht ganz vermeiden lässt — möglichst ein, schon allein deshalb, weil ich glaube, dass unter ihrer stetigen Verwendung die Aufmerksamkeit auf den zu betrachtenden Gegenstand in höherem Masse zurückgeht, als die Sicherheit in dem Erkennen räumlich kleiner Unterschiede zunimmt. Ja, ich fürchte sogar, der zu häufige Gebrauch der Lupe artet bei grösseren Klassen leicht in Spielerei bei der Mehrzahl der Schüler aus. Ausserdem macht es für den Lehrer — „die Sonne der Klasse," nach Comenius — einen mindestens eigentümlichen Eindruck, wenn alle Schüler vor ihm sitzen mit gekrümmtem Rücken und gesenktem Haupte, und unter der Lupe angeblich zu sehen sich bemühen, wobei die Mehrzahl derselben im günstigsten Falle das zu erkennen glaubt, was der Lehrer an der Tafel vorzeichnet. So erklärt es sich, wenn ich vielfach von einer sogenannten streng wissenschaftlichen Analyse Abstand genommen habe, wo es zu Gunsten brauchbarer, auffälliger Unterscheidungsmerkmale geschehen konnte, weil ich der Ansicht bin: Besser an wenigen, aber sicheren Kennzeichen die Unterscheidungsfähigkeit des Schülers thatsächlich geübt, als durch zu ängstliches Einhalten rein wissenschaftlicher Prinzipien — deren Wert für den Schüler nicht immer leicht erkenntlich ist — nichts erreicht. Die in diesem Sinne abgefasste vorliegende Flora, und die beigegebene Übersicht für Familien und Gattungen enthalten also nicht nur Namen und Standorte, sondern auch — soweit es mir der bewilligte Raum

---

[1]) „Jeder hat an sich erfahren, dass die gemeinsten Sachen am schwersten zu bestimmen sind." (Prof. H. Hoffmann in dem XVIII. Ber. der oberh. Ges. 1879.)

zuliess — 1) Alle diejenigen Merkmale, in denen sich eine bestimmte Art am leichtesten kennzeichnet, 2) bei grösseren Familien die wichtigsten Anzeichen für die Gattungen und 3) bei Gattungen mit mehreren oder zahlreichen Artangehörigen die auffälligsten Unterscheidungsmerkmale letzterer. Die Flora ist zunächst nur für die hiesigen Verhältnisse berechnet. Sie soll als Hilfsbuch in dem Unterricht dienen, teils zum Bestimmen einzelner Pflanzen, teils zum Gebrauch auf den Exkursionen. Überall aber ist die Mithülfe des Lehrers vorausgesezt. Unter ihrer Benutzung soll das zeitraubende Diktieren und Aufschreiben der Namen der gesammelten Pflanzen möglichst verringert werden, und der Lehrer Zeit gewinnen, die Pflanzen auch nach anderen Gesichtspunkten, als nur auf die Richtigstellung ihrer Namen, zu betrachten.

Gelegentlich einzelner Bestimmungsübungen werden selbstverständlich an der Hand des gebotenen Materials auch diejenigen Einteilungsprinzipien zur Anschauung gebracht, die die natürlichen Verwandtschaftsverhältnisse am einfachsten darstellen (wissenschaftliche Prinzipien), wenn thunlich aber stets wieder an solchen Pflanzen, wo das zu Erkennende mit unbewaffnetem Auge wahrgenommen werden kann. (Myrrhis odorata, für die Fruchtformen der Doldenträger.)

Pflanzengeographisches.

Unser botanisch durchsuchter Bezirk bildet einen Teil von dem: „Mittelrhein-Gebiet“,[1]) und liegt — nach dem von Herrn Professor Hoffmann in Giessen zu Grunde gelegten Netz — zu zwei Drittel inmitten der östlichen Grenze des Quadrates 12, der Rest reicht nach 13 hinüber. Die „Flora des Mittelrhein-Gebietes enthält nach dem genannten Autor 841 Pflanzen, die den Charakter dieser „botanischen Landschaft“ ausmachen, nicht mit inbegriffen sind in dieser Zahl alle Kulturgewächse, alle Pflanzen, die zweifellos durch das ganze Gebiet verbreitet sind, und ebenso die ganz seltenen. Von diesen 841 Pflanzen haben wir 186 auf unserem kleinen Raume gefunden. Nachstehend folgt deren Namensverzeichnis (nach Koch) in alphabetischer Ordnung. Überall, wo die Nummern 12 oder 13 in Klammern

[1]) Dieser Name ist von Hoffmann eingeführt und in dessen zahlreichen Veröffentlichungen über die einschlägige Flora schon seit über zwanzig Jahren im Gebrauch. Der Name hatte ursprünglich wohl nur geographische Bedeutung; in pflanzen-geographischem Sinne würde die Gesamtfläche wohl am zutreffendsten als „Landschaft“ bezeichnet werden. (Siehe Drude „Die Florenreiche der Erde.“)

beigedruckt sind, ist der angeführte Standort noch nicht in den „Nachträgen zur Flora des Mittelrhein-Gebietes von Professor H. Hoffmann" enthalten, also neu.

Achillea millefolium (auch bei Laubach findet sich die Form mit purpur-rosenfarbigen Blüten), A. nobilis (12), Acorus calamus (12), Actäa spicata (12, 13), Agrimonia odorata (12), Allium sphärocephalum (12), Alnus incana (12), Alyssum calycinum (12), [Amaranthus blitum (scheint bei Laubach zu fehlen, siehe Flora)], Anagallis arvensis, A. cärulea (12), Anemone pulsatilla, Anthemis tinctoria (12), Aquilegia vulgaris (12, 13), Arnica montana, Artemisia absinthium (12), Arum maculatum (12), Asarum europäum (12, 13), Asperula odorata (12, 13), Asplenium septentrionale (12), Atropa belladonna (12), Berula angustifolia (12), Botrychium lunaria (12), Brachypodium pinnatum (12, 13), B. silvaticum (12), Bromus asper (12, 13), Calamagrostis lanceolata (12), C. silvatica (arundinacea) (12), Calamintha acinos (12), Campanula cervicaria (12), C. glomerata (12), C. patula (12), C. persicifolia (12), Cardamine hirsuta (13), C. impatiens (12, 13), Carex digitata (12), C. flava (12), C. paniculata (13), C. präcox (12), Carlina vulgaris, Centaurea jacea, C. scabiosa (12), Cephalanthera ensifolia (12, 13), C. pallens, C. rubra (12), Chärophyllum hirsutum (12), Chenopodium vulvaria (12), Circäa lutetiana (12), Cirsium acaule (12), Colchicum autumnale, Comarum palustre (12), Convallaria verticillata (12), Corydalis solida (12), Cratägus monogyna (12), Cuscuta epithymum (12), Cystopteris fragilis (12), Daphne mezereum, Datura stramonium, Delphinium consolida (12), Dentaria bulbifera, Dianthus carthusionorum, D. prolifer, D. deltoides, [Epimedium alpinum, scheint zu fehlen], Equisetum silvaticum (12), Erigeron canadensis (12, 13), Erythräa centaurium (12), Filago germanica (12), Fragaria collina (12), F. elatior (12), Gagea arvensis (12), G. lutea (12), Galium boreale, G. palustre (12), G. silvaticum (12, 13), Gentiana campestris (12), Geranium palustre, G. pratense (12), Geum rivale (12), Gymnadenia conopsea (12, 13), Heleocharis uniglumis (12), Hypericum hirsutum (12, 13), Impatiens noli tangere (12, 13), Conyza squarrosa (Inula conyza) (12), Lathräa squamaria (13), Leersia oryzoides (12), Lepidium campestre (12), L. ruderale (12), Leucojum vernum (13), Limosella aquatica (12), Linaria cymbalaria, Lithospermum officinale (12), Lonicera periclymenum, L. xylosteum (12), Luzula albida (12), Lychnis diurna (12), L. viscaria (12), Lycopodium chamäcyparissus (12), L. clavatum (13), Matricaria chamomilla, Melampyrum arvense (12), M. pratense (12), Melica uniflora (12), Menyanthes trifoliata (12), Monotropa hypopitys (12), Myosotis silvatica (12), M. versicolor (12), Myrrhis odorata (12), Nardus stricta (12), Nasturtium officinale (12), Neottia nidus avis (12), Nuphar luteum (12), Nymphäa alba (12), Önothera biennis (12),

Ophioglossum vulgatum (12), Orchis coriophora, O. ustulata, Orobus niger (12), O. tuberosus (12, 13), O. vernus (12), Papaver rhöas (12), Paris quadrifolia (12), Pedicularis palustris (12), P. silvatica (12), Petasites albus, Phyteuma nigrum (12), Ph. orbiculare, Ph. spicatum (12), Pimpinella magna (12), Polygonum bistorta, Polypodium dryopteris (12), Potamogeton lucens (12), Potentilla cinerea (12), P. fragariastrum (12), P. opaca, P. rupestris (12), Primula elatior (12, sie ist viel häufiger als [P. officinalis), Prunella grandiflora (12), Prunus padus, Pteris aquilina (12, 13), Pulmonaria officinalis (12), Pirola rotundifolia (12), P. secunda (12), P. uniflora (12), Ranunculus aquatilis, R. lanuginosus (12), R. polyanthemus (12, 13), Raphanus raphanistrum (12), Ribes nigrum (12), R. rubrum (12), Rosa rubiginosa, Rubus saxatilis (13), Salvia pratensis (12), S. verticillata (12), S. silvestris (12), Sambucus ebulus (12, 13), S. racemosa (12, 13), Sanicula europäa (12), Sarothamnus vulgaris, (Spartium scoparium) (12), Scabiosa columbaria (12), Scleranthus perennis (12), Sedum album (12), S. villosum (13), S. reflexum (12), Sempervivum tectorum (12), Senecio aquaticus (12), S. erucäfolius (12), Silene inflata (12). S. noctiflora (12), S. nutans (12), Sinapis arvensis (Brassica sinapistrum) (12), Sisymbrium sophia (12), Sorbus torminalis (12, 13), Spiräa salicifolia (12), Spiranthes autumnalis (12), Stellaria nemorum (13), St. uliginosa (12), Stachys arvensis (12), Symphitum officinale (12), Thesium pratense (12), Trifolium agrarium (12), T. spadiceum (12), Triticum caninum (12), Trollius europäus (12, 13), Tulipa silvestris (12), Veronica montana (12), Vinca minor (13), Viola tricolor (12).

Bei weiterem Vergleich des voranstehenden Verzeichnisses mit den „Nachträgen zur Flora des Mittelrhein-Gebietes“ (sie sind bis jetzt erschienen von Acer bis Trientalis, der Rest fehlt noch) ergiebt sich ferner, dass ausser der ziemlich bedeutenden Zahl neuer Standorte, auch einige Pflanzen von uns aufgefunden wurden, die für die Quadrate 12 oder 13 völlig neu sind. Es sind: Alnus incana (12), Cratägus monogyna (12), Erigeron canadensis (12, 13), Hypericum hirsutum (12, 13), Lycopodium chamäciparissus (12), L. clavatum (13), Myrrhis odorata (12), Pteris aquilina (12, 13), Ribes rubrum (13).

Von dem Rest — von Trientalis an bis zum Schluss des Alphabetes — vermuthe ich noch als neu: Tulipa silvestris (12), da sie weder bei Heyer-Rossmann[1]), noch bei Dosch und Scriba[2]), als in unserem Gebiet vorkommend, bezeichnet ist. Der „Flora des Mittelrhein-Gebietes“ habe ich das in unserer Umgebung häufige Galium silvaticum (12, 13) noch angereiht,

[1]) Siehe Quellenangabe.

[2]) Exkursionsflora der Blüten- und höheren Sporenpflanzen.

einmal weil Garcke, in der „Flora von Deutschland, zwölfte Auflage", über diese Pflanze schreibt: „im westlichen Teile des Gebietes meist häufig, im östlichen fehlend," ferner weil Heyer-Rossmann ihr Vorkommen bei Laubach in Frage stellen, und im Quadrat 13 überhaupt nicht angeben. (H. R. Seite 186.) In ähnlicher Lage fand ich mich mit Allium sphärocephalum. Garcke, ebenda, bemerkt darüber: „Sehr zerstreut in Mittel- und Süddeutschland, im nördlichen Gebiete nur bei Frankfurt an der Oder". In der Flora der Wetterau, von „Gärtner, Meyer und Scherbius, 1799, findet sich die Pflanze ebenfalls verzeichnet, bei H. R. aber ist sie nicht aufgeführt. Da nun ihr thatsächliches Vorkommen festgestellt ist, so habe ich mich entschlossen, die Pflanze aufzunehmen. —

Einen auffallenden Unterschied in dem physiognomischen Charakter des Pflanzenkleides der drei genannten Bäche unseres, wenn auch kleinen Gebietes, will ich hier erwähnen, weil aus der Thatsache selbst später eine gewisse Folgerung gezogen werden soll.

Überschreitet man im Spätsommer — Ende August — die Wasserscheide zwischen der Wetter und der Horloff, und betritt man, zwischen der Friedrichshütte und Ruppertsburg, das Thal des von beiden zuletzt genannten Baches, so fällt uns auf den angrenzenden Thalwiesen ein Doldenträger mit gelbgrün gefärbten Blüten auf. Schon aus seinem häufigen Vorkommen schliessen wir, eine nicht seltene Pflanze vor uns zu haben, nach der unser Auge auf den kaum zwei Kilometer entfernt liegenden Wetterwiesen indessen vergeblich Umschau halten würde. Es ist Pastinaca sativa, gemein im Horloffthal bis abwärts nach Trais-Horloff, selten in dem Wetterthale bei Laubach. Betreten wir auf derselben Wanderung das Dorf Ruppertsburg von Süd-Westen her, so überschreiten wir die Horloff. An dem Übergang zeigt sich: Mentha aquatica in üppigem Wuchs, auf den öden und wüsten Stellen des ansteigenden Berges und an den Zäunen aber: Verbena officinalis, Anthemis tinctoria, Sisymbrium sophia, Dipsacus silvestris. Auch bei Laubach haben wir dürre, sonnige, steile Orte von gleicher geognostischer Beschaffenheit, allein die Pflanzendecke ist eine andere, denn alle fünf genannten Pflanzen fehlen bei Laubach. Folgen wir aber der Horloff nur wenige Schritte bis unterhalb des Dorfes, so steht an dort sich kreuzenden Feldwegen das ansehnliche, gelbblütige Verbascum nigrum, mit der roten Wolle an den Staubblättern, auch diese Pflanze fehlt bei Laubach. Eine fast ähnliche Erfahrung können wir im Frühlinge machen. Rundum, an allen Zäunen und Hecken bei Ruppertsburg finden wir den fingerigen Lerchensporn, bei Laubach weiss ihn nur das Auge des Kundigen zu treffen, denn nur eine kleine Colonie ist unterhalb des Friedhofes angesiedelt.

Wenden wir uns aber zu der gleichen Jahreszeit dem Lauterthale und Grünberg zu, so begegnet uns als Unkraut an lebenden Zäunen der stattlichste Vertreter der Taubnesseln: „Lamium maculatum," der bei Laubach ein seltener Gast ist; im Hochsommer aber wird vor Grünberg auf den Wiesen unser Auge überrascht von dem grossblütigen Kreuzkraut: Senecio aquaticus, das sonst im Gebiete zu fehlen scheint. Und wieder etwas ähnliches zeigt uns im Mai das Seenthal. Rundum die Schreinersmühle sind die Wiesen gelb von Trollius europäus, im Wetterthale zeigt er sich ja auch, doch nicht die Wiesen färbend. Indes will es mir scheinen, als ob die blaue, kugelige Rapunzel — Phyteuma orbiculare — nirgends so häufig als im Wetterthale sei, das allein auch Sarothamnus vulgaris aufzuweisen hat.

Ein besonderer Grund bietet mir Veranlassung, das vorliegende Pflanzenmaterial auch in seinem Verhältnis zur Gesamtflora zu mustern. An der westlichen Grenze unseres Gebietes — auf dem Hessenbrücker-Hammer — werden seit länger als fünfzig Jahren (1830) alljährlich viele Tausende von Zentnern Braunkohlen (an 150 000 Zentner pro Jahr) zu Tage gefördert. Ungefähr 15 m tief von Basalt überlagert, ruhten sie seit der Entstehung unserer Berge, einer Zeit entstammend, die Göthe im zweiten Teile seines „Faust" zeichnet:

„Grund erbebt, das Wasser staucht,
„Kies und Ufer berstend raucht."
(Klassische Walpurgisnacht.)

und: „Hier aber war's! Plutonisch grimmig Feuer,
„Äolischer Dünste Knallkraft, ungeheuer,
„Durchbrach des flachen Bodens alte Kruste."
(ebenda.)

Vier Braunkohlenlager — je 1 m bis 2,5 m mächtig — liegen in einer kesselförmigen Mulde — mit einem Durchmesser von rund 400 m — übereinander, getrennt durch Schichten verkitteter, vulkanischer Asche, die zum Teil in Thon umgewandelt ist, mit Zwischenlagerung von Bruchstücken basaltischer Gesteine. Zahlreiche stärkere, flachgedrückte Stämme — an siebzig Procent der Gesamtkohle — werden zu Tage gebracht, unter denen die Struktur der hellbraunfarbigen, sowohl makroskopisch wie mikroskopisch, leicht zu erkennen ist. Die reihenweis angeordneten Tüpfel, die Harzkanäle veranlassen uns, sie den Nadelhölzern zuzuweisen. Die Blattabdrücke in den zwischenlagernden Thonen, die zahlreichen Blätter in den wie Glimmer spaltbaren sogenannten „Blätterkohlen," und die in den dunkleren, dichten Braunkohlenmassen begrabenen Früchte, reden zu uns in deutlicher Sprache von der Flora unseres Gebietes vor vielen Jahrtausenden, von der Mitte und letzten Hälfte der sogenannten

Tertiärzeit, in der unsere Berge aus dem Innern der Erde hervorgequollen sind.

Neben den zahlreichen Blättern der Weide (Salix), der Ulme (Ulmus), des Ahorns (Acer), der Eiche (Quercus), des Nussbaumes (Juglans), nebst Früchten, des Amberbaumes (Liquidambar), den Blattscheiden und Wurzelstöcken von Gräsern und Schachtelhalmen, finden wir auch Blätter des Lorbeerbaumes (Laurus), des Zimmtlorbeers (Cinnamomum), nebst Früchten, ja selbst Blattscheiden von Palmen (Sabal) zeigen sich hin und wieder.

Heute sind Zimmtlorbeer und Palmen weit von uns verschwunden, der Lorbeerbaum hält nur noch unter dem Schutze von Gewächshäusern aus, die Amberbäume unserer Anlagen aber sind in neuerer Zeit aus Amerika erst eingeführt worden. Wie aber steht es mit jenen Formen, die damals hier einheimisch waren, und deren nächste Verwandten sich heute wieder an der gleichen Stelle finden? Die Annahme, dass eine direkte Erhaltung und Umgestaltung jener Pflanzen in die heutigen stattgefunden habe — so naheliegend auch der Gedanke wäre — wird unmöglich, wenn wir einschalten, dass die Geologie zahlreiche Thatsachen anführt, die beweisen, wie auf jene Zeit, wo die Mitteltemperatur unserer Gegend etwa 18° bis 19° Celsius betragen haben muss, wo ein eigentlicher Wechsel zwischen Winter und Sommer mit grossen Wärmeunterschieden nicht stattfand, ein allmählicher Wärme-Rückgang bis auf 5° mittlerer Jahrestemperatur und vielleicht noch weniger folgte, so dass die Wärmeextreme im Laufe eines Jahres jetzt bedeutend grösser waren, als vorher. (Sommer und Winter.)

In gleichem Masse, in dem die klimatischen Verhältnisse sich änderten, schwanden auch die Existenzbedingungen zahlreicher Pflanzen der vorangegangenen Zeit. Unter diesen fanden sich auch die oben von uns genannten. Es werden sich bei den allmälich veränderten Bedingungen nur erhalten haben:

1. Von Kräutern solche, deren Samenreife auch bei einer niedrigeren Summe der jährlichen Temperatur-Maxima (Hoffmann's Vegetationskonstante) noch möglich war, und die zur Keimzeit einen hinreichend warmen Boden fanden.
2. Von Stauden diejenigen, deren Wurzelstock noch in der lang und tief gefrorenen Erde ausdauerte.
3. Von Holzgewächsen endlich nur solche, deren Jahresschösslinge vor dem Eintreten der Herbstfröste inbezug auf Holzreife so weit entwickelt waren, dass sie niedrige Wintertemperaturen ohne Schaden zu ertragen vermochten.

Nach unserer heutigen Auffassung sind für den Sammelbegriff „Klima“ (mittlere Jahrestemperatur, höchste und niedrigste Temperaturen u. s. w.) wesentlich entscheidend: 1) Die

Entfernung des Ortes vom Äquator nach den Polen hin. 2) Die Höhenlage über dem Meeresspiegel. 3) Die eintretenden Kälteextreme. Mit diesen Massen gemessen, gehört unsere Fläche zu der gemässigten Zone (arktisch-boreale Abteilung der Pflanzengeographen) und da ihr höchster Punkt noch unter 810 m Meereshöhe liegt, so zählt sie, innerhalb der gemässigten Zone, in die „Region des Weinbaues." An sie schliesst sich in aufsteigender Richtung die Berg-Region oder „montane" (810 m bis 1620 m), dann die Region der Alpensträucher oder „alpine" (1620 m bis 2268 m) und endlich die Region der Alpenkräuter oder „nivale" (2268 m, bis zur Schneegrenze).

Vergleichen wir in diesem Sinne unsere Pflanzen, so ergibt sich, dass aus ihrer Reihe in der nivalen Region der baierischen und schweizer Alpen noch fortkommen: Anthoxanthum odoratum, Cystopteris fragilis, Festuca ovina, Gentiana campestris, Parnassia palustris (auch in Lappland und Island), Ranunculus acris, Taraxacum vulgare, Trollius europäus (auch in Lappland) [8]. In der montanen Region der Alpen: Asplenium septentrionale, Atropa belladonna, Convallaria verticillata, Epilobium parviflorum, Luzula albida, Lycopodium complanatum, Petasites albus, Phyteuma spicatum, Primula elatior, Sambucus racemosa, Sedum villosum, Trifolium spadiceum [12]. Der sogenannten deutschen „Moorflora" aber gehören, ausser einigen der oben genannten, unter ihnen an: Alnus glutinosa, Alopecurus fulvus, A. geniculatus, Bidens tripartita, Calamagrostis lanceolata, Calluna vulgaris, Caltha palustris, Cardamine amara, Carex paniculata, C. canescens, C. stellulata, C. ampullacea, C. flava, C. vulpina, Cirsium palustre, Comarum palustre, Eriophorum angustifolium, E. latifolium, Equisetum palustre, Galium palustre, Gnaphalium uliginosum, Heleocharis palustris, H. uniglumis, Juncus articulatus, Lotus uliginosus, Mentha aquatica, Menyanthes trifoliata, Molinia cärulea, Nardus stricta, Pedicularis palustris, Pirola minor, P. uniflora, P. rotundifolia, Polygonum bistorta, P. mite, Ranunculus auricomus, R. flammula, Rhamnus frangula, Ribes nigrum, Rubus saxatilis, Sanguisorba officinalis, Salix aurita, S. cinerea, S. purpurea, Scirpus palustris, S. silvaticus, Scabiosa succisa, Spiräa ulmaria, Stellaria uliginosa. [49].

Von diesen genannten Pflanzen finden sich in Lappland, an der Nordküste Sibiriens und in Island — teils an den drei bezeichneten Orten, teils an zwei derselben, oder nur an einem Orte: Alnus glutinosa, Bidens tripartita, Calluna vulgaris, Caltha palustris, Carex canescens, C. paniculata, Cirsium palustre, Comarum palustre, Eriophorum angustifolium, Gnaphalium uliginosum, Heleocharis uniglumis, Juncus articulatus, Menyanthes trifoliata, Molinia cärulea, Pedicularis palustris, Pirola minor, P. rotundifolia, P. uniflora, Ranunculus auricomus, Ribes nigrum,

Rubus saxatilis, Salix aurita, Sanguisorba officinalis, Spiräa ulmaria, Stellaria uliginosa, Scabiosa succisa (Succisa pratensis) [26].

Insgesamt zählen wir demnach sechsundvierzig Pflanzen (oder 6,7%) aus unserer nächsten Umgebung, die gleichzeitig entweder dem arktischen Gebiete angehören, oder in den Hochalpen bis zur Schneegrenze gehen. Sie alle zeichnen sich dadurch aus, dass ihre Entwickelung ein Minimum von Wärme beansprucht, dass sie zum Teil an Orten aushalten, deren Boden sumpfig und kalt ist, der im Winter lange mit Schnee, im Frühjahr mit eisigem Wasser bedeckt ist. (Teile der Zwillingsseife und Schellenbachswiese, die nächste Umgebung des Tiergärtnerteiches, manche Stellen an der Horloff und Wetter, der Wildfrauberg u. a. O.) Da die Möglichkeit einer „Neuerschaffung" an Ort und Stelle, keine Wahrscheinlichkeit hat, weil ein derartiger Vorgang seit Menschengedenken niemals wirklich beobachtet worden ist, so bleiben uns zur Erklärung ihrer Anwesenheit nur zwei Annahmen denkbar. Entweder diese Pflanzen sind von „aussen her eingewandert", oder sie sind an, oder in der Nähe der Stelle ihres heutigen Vorkommens viele Jahrtausende hindurch erhalten geblieben.

Was nun den ersten Punkt „die Einwanderung" anbelangt, so ist es ja klar und erwiesen, dass dieser Vorgang noch stets unter unseren Augen stattfindet, und dass in historischer Zeit die Flora vieler Gegenden eine merkliche und nicht selten wesentliche Änderung durch Einwanderung erlitten hat, noch erleidet und auch in Zukunft erfahren wird. Nur ein Beispiel: Erigeron canadensis ist nachweislich zwischen 1655 und 1724 aus Amerika eingeschleppt worden. Schon Ende der ersten Hälfte dieses Jahrhunderts war es ein gemeines Unkraut in dem mittleren Rheinthal (Rheinhessen), und während im Jahre 1879 Hoffmann sein Vorrücken durch die Wetterau erst bis zur Linie: Giessen, Florstadt, Büdingen, festgestellt hatte, ist es heute schon acht Stunden nördlich davon — um den Oberseener-Hof — ein gemeines Feld- und zum Teil Waldunkraut geworden. Vögel, Pelztiere, bewegte Luft, der unter Vermittlung des Menschen sich immer steigernde Austausch der Landesprodukte aller Zonen und Klimaten, und nicht in letzter Linie, das bewegte und fliessende Wasser der Meere, Seen, Flüsse und Bäche sind die heute bekannten Transportmittel. Allein Hoffmann hat schon 1852 auf Grund zahlreicher Eigenbeobachtungen (Hoffmanns Pflanzenverbreitung und Pflanzenwanderung) davor gewarnt, zu häufig und vorschnell die Einwanderungsthesen als Erklärungsgrund für das Vorkommen einer Pflanze in den Vordergrund zu stellen, da es zahlreichen Pflanzen, die manchmal mit vorzüglichen Wanderungsmitteln ausgerüstet sind oder an verkehrsreichen Wegen sich finden, nicht gelingt auszuwandern und neue Standorte zu erobern. Als Beispiele hierfür dürften das Verharren und die Nichtausbreitung von Doronicum pardalianches im Hangelstein bei Giessen, seit nahezu 170 Jahren; und das auf das mittlere Rhein- und Mainthal beschränkte Vorkommen von Amaranthus retroflexus anzuführen sein. (Hoffmann XI und XVIII. Ber. d. oberh. Gesellsch.) Auch das Fehlen von Verbena officinalis, Sisymbrium sophia und der übrigen früher genannten Pflanzen, im Wetterthal muss in gleichem Sinne aufgefasst werden, da trotz der zahlreichen bestehenden Verkehrswege und Verkehrsmittel zwischen Wetter- und Horloffthal, das Vorkommen dieser Pflanzen sich auf das letztere beschränkt.

Überall, wo sonach die Annahme einer Einwanderung irgend welcher Art — sei sie zufällig veranlasst, oder mit Absicht herbeigeführt — keine greifbare Unterlage besitzt, hat der Naturforscher stets auch die übrigen Möglichkeiten, die geeignet sind, das Vorkommen einer Pflanze zu erklären, heranzuziehen, und diesen vor jenen den Vorzug zu geben.

Beachten wir aber die Thatsachen, dass Wurzeln oder Wurzelstöcke mancher Pflanzen eine ausserordentliche Lebenszähigkeit besitzen,[1]) dass die Keimfähigkeit von Samen sich auf Jahrhunderte hin zu erhalten vermag,[2]) und dass gegen die Vorstellung — mit dem Eintritt neuer geologischer Perioden sei alles Lebende zu Grund gegangen — zahlreiche Belege sprechen,[3]) so wird unserer Annahme: „dass die oben aufgezählten sechsundvierzig Pflanzen noch mindestens jener Zeit angehören, in der fast ganz Europa — unsere deutschen Mittelgebirge (nach Penck), somit wohl auch der Vogelsberg, bis zu 500 m Meereshöhe herab — von mächtigen Eismassen bedeckt war," die Berechtigung nicht abgesprochen werden dürfen. Es ist die sogenannte Eiszeit, deren Charakter sich in kurzen, regnerischen Sommern, und langen, schnee- und eisreichen Wintern ausgeprägt haben wird. Wie nun heute die den arktischen Ländern eigentümlichen Florenelemente meist eine ausserordentlich weite Ausbreitung besitzen, ebenso werden auch damals die wenigen Pflanzen an den Gletscherrändern das ganze nördliche Eisgebiet bewohnt haben. Unter dieser

---

1) Zahlreiche Charakterpflanzen des Laubholz-Niederwaldes verschwinden, wenn der Niederwald zum Hochwald wird. Fällt dieser einst, durch die Axt oder den Sturm, so kommt die alte Flora wieder zum Vorschein. Die Rhizome jener Pflanzen behielten durch die Dauer der Jahre hindurch ihre Lebensfähigkeit.

2) Keimung der Samen von Triticum vulgare aus ägyptischen Mumien, und von Silene cretica aus der Pfahlbaute „Robenhausen."

3) Sandberger fand in den diluvialen Sanden von Mosbach (bei Wiesbaden) sechsundsechzig Schneckenarten, von denen heute noch siebenundfünfzig Arten im Rheingebiete leben, ebenso Professor Mousson in dem Löss des St. Gallischen Rheinthales einundzwanzig Schneckenarten, die sich ohne Ausnahme noch heute in der östlichen Schweiz finden.

Voraussetzung aber wird die Annahme einer späteren Einwanderung in ihr heutiges Gebiet — sei es von Norden oder Süden her (Alpen) — überflüssig.

Ähnlich wie die Meteore, jene Eindringlinge aus fernen Welten, uns die bestehenden, unsichtbaren Bande zwischen den einzelnen Weltkörpern zum Ausdruck bringen, und die gleiche Beschaffenheit ihrer Heimat mit der unserer Erde beweisen, so sind auch diese Pflanzen die Fäden, welche die nächste Vorwelt mit der Jetztzeit verbinden, und die uns einen weiteren Fingerzeig dafür geben, dass trotz der grossen Umgestaltungen, die die Erdoberfläche im Laufe der Zeit erfahren hat, die Bildungsgesetze der Lebewesen die gleichen geblieben sind.

Flora.

Abkürzungen.

⊙ und ⊙ bedeutet eine Pflanze, die nach einmaliger Samenreife abstirbt. („Kraut.“)

♃ bedeutet eine Pflanze, deren obererdige Teile alljährlich absterben, während die untererdigen bleiben („Staude“ oder „perennierende Pflanze.“)

♄ und ♄ bedeutet Holzgewächse { ♄: „Strauch.“ ♄: „Baum.“ }

L. bedeutet: Laubach.
H. R. „ Heyer-Rossmann. Quellenangabe.
Bl. „ Blüte.
Bltt. „ Blatt.
Blttr. „ Blätter.

Die hinter den Familien- oder Gattungsnamen eingeklammerten Ziffern beziehen sich auf das Linné'sche System. Die römischen Ziffern bezeichnen die Klassen, die arabischen die Ordnungen desselben.

Die arabischen Ziffern bei den Arten geben die Monate an, in denen die Blüte der Pflanze vorhanden ist.

Alle Farbenangaben beziehen sich auf die Krone, oder auf das Perigon.

Schlüssel,

teils auf Familien, teils auf Gattungen führend.

Für: Zweisamenlappige Pflanzen.

Erste Gruppe: Kelch und Krone unterschieden.

A. Blütenstand kopfförmig (von einer Hülle kelchähnlicher Blätter umgeben).

Alle Staubbeutel zu einer Röhre verwachsen: **Korbblüter.**

„ „ getrennt { **Kardengewächse**, Blätter gegenständ.
Phyteuma, „ zerstreut. }

B. Blütenstand nicht kopfförmig (kein gemeinschaftlicher Hüllkelch).

I. Kronblätter getrennt.

α. Blumen regelmässig.

* Staubfäden getrennt.

† Kelch und Krone gleichfarbig.

Holzgewächse:

Staphylea, Kelch u. Krone 5blätterig, Blüten i. hängenden Trauben.
Berberis, „ „ „ 6 „ „ „ „

Stauden:

Trollius, Kelch und Krone je 5- bis 10blätterig. *Gelb.*
Helleborus, Kelch 5-, Krone 8- bis 10blätterig (sehr klein). *Grün.*

†† Kelch und Krone verschiedenfarbig.

a. Krone vielblätterig.

Blätter schwimmend, fast kreisrund: **Wasserrosen.**

Nuphar, Kelch länger, als die Krone.
Nymphäa, „ kürzer, „ „ „

Blätter fleischig dick: **Sempervivum.**

b. Kronblätter meist sechs (in dreigliederigen Kreisen).

Liriodendron ♄, Blatt dreilappig, fast quadratisch, langgestielt.

c. Krone 5blätterig.

1. Staubblätter zahlreich, auf dem Blütenboden stehend.

Holzgewächse. Blüten in blattwinkelständigen Trauben.

Tilia, der Blütenstiel ist zur Hälfte mit einem weisslichen Deckblatt verwachsen.

Stauden.

Adonis, Kronblatt ohne Honiggrube.
Ranunculus, „ mit „ , Nagel kürzer, als das Blatt.
Myosurus, Kronblätter klein, linienförmig, Früchtchen ein verlängertes Köpfchen bildend, sonst wie vorige.

2. Staubblätter zahlreich, dem Rande der Kelchröhre eingefügt.

Holzgewächse.

Prunus, Steinfrucht einsamig, 1 freier Griffel.
Spiräa, balgkapselähnliche Frucht, mehrsamig, 2—5 Griffel.
Rubus, fleischige Früchtchen zu einer Scheinfrucht vereinigt.
Rosa, Blütenboden krugförmig vertieft.
Frucht 2—5fächerig { **Cratägus**, Fruchtfächer steinig hart. / **Pirus**, Fruchtfächer mit häutiger Auskleidung. }

Stauden.

Fragaria, Fruchtboden beerenartig, saftig.
Comarum, „ fleischig-schwammig.
Potentilla, „ höchstens etwas schwammig.
Geum, Früchtchen in eine behaarte Granne endigend.
Rubus saxatilis, Früchtchen wie oben bei Rubus.

3. Staubblätter bis 15, dem Rande eines den Kelch verengenden Ringes eingefügt:

Agrimonia, Kelch kreiselförmig, bei der Reife mit hakigen Borsten bedeckt.

4. Staubblätter 8—10 (meist 10), ♃ oder ⊙, ⊙.

Blätter gegenständig, ganzrandig: **Nelkengewächse** (fast alle).
„ quirlig-gebüschelt: **Spergula** (zu Nelkengew.).
„ wechselständig { **Saxifraga**, Blatt nierenf., stumpf gekerbt. / **Pirola** „ eirund, schwach gesägt. }
„ gedreit: **Oxalis**.
„ schuppenförm.: **Monotropa** (Krone auch teilw. verwachsen).
„ fleischig: **Sedum**.

5. Staubblätter: 5.

Blüten in einer Dolde { Dolde einfach: **Hedera.** ♄.
{ „ zusammenges.: **Schirmträger.** ♃, ⊙.

„ einzeln, gipfelständig: **Parnassia.**

„ zu 2—3, oder in Trauben, seitenständig: **Ribes.**

d. Krone vierblätterig.

Staubblätter zahlreich { **Philadelphus,** ♄.
{ ♃ { Kapsel kugelig: **Papaver.**
{ „ schotenförmig: **Chelidonium.**
{ Frucht beerenartig: **Actäa.**

Staubblätter 8 { Samen mit Haarschopf: **Epilobium.**
{ „ ohne „ **Önothera.**

Staubblätter 6 (4 grössere, zwei kleinere): **Kreuzblüter.**

Staubblätter 4 (gleichlang): **Cornus,** ♄.

e. Krone dreiblätterig.

Rumex, Blätter einfach, zerstreut, mit Tute. Kelch dreiblätterig, 6 Staubblätter.

f. Krone zweiblätterig, 2 Staubblätter.

Circäa, Blätter gegenständig, Blüten in endständigen Trauben.

g. Krone vier bis fünf-(auch bis neun-)blätterig.

Staubblätter einer unterweibigen Scheibe eingefügt:

Pflanze rankend: **Weinrebengewächse.**

„ nicht rankend:

Acer, Blätter handförmig geteilt (Krone zuweilen fehlend).

Rhamnus, „ ganzrandig, wechselständig.

Evonymus, „ gesägt, gegenständig.

Kron- und Staubblätter am Kelche befestigt:

Lythrum, Blätter gegenständig, herzlanzettlich.

** **Staubfäden ganz oder nur an der Basis verwachsen.**

In ein Bündel, und gänzlich verwachsen: **Malva.**

Nur an der Basis verwachsen { 10 Staubbl.: **Storchschnabelgew.**
{ 5 Staubfäden: **Linum.**
{ Zahlreiche Staubfäden: **Tilia,** ♄

In drei Bündel verwachsen: **Hypericum.**

β. Blume unregelmässig.

* **Blume gespornt.**

Kelch u. Krone gleichfarbig { fünfspornig: **Aquilegia.**
{ einspornig { **Impatiens,** *gelb.*
{ **Delphinium,** *blau, rot.*

„ „ „ verschiedenf. { Kelch 5blätterig: **Viola.**
{ „ 2bl. { Frucht einsamig: **Fumaria.**
{ „ viels.: **Corydalis.**

** **Blume nicht gespornt.**

Kelch blumenartig: **Polygala.**
Kelch grün: **Äsculus,** 4 od. 5 genagelte Kronblätter, 7 freie Staubbl.
Kelch grün, Staubfäden 10, alle verwachsen oder 1 frei.

Schmetterlingsblüter:

Blätter ungeteilt, schmal-eirund.

Genista, Blüten in Trauben, Stengel am Grunde liegend.

Blatt dreizählig, ohne Ranken, Stengel nicht windend.

Holzgewächse.

Sarothamnus, Griffel kreisförmig gerollt, Zweige steif aufwärts.
Cytisus, Griffel pfriemlich aufsteigend.

♃ oder ⊙, ⊙.

Ononis, Hülse gerade, den Kelch überragend, Blüten einzeln.
Medicago, „ schneckenförmig, Blüten in Ährchen od. Köpfchen.
Melilotus, „ kurz, kugelig, Blüten in Trauben.
Lotus, „ walzenförmig, Blüten in kopfförmiger Dolde.
(**Trifolium,** „ gerade, Blüten in dichten Köpfchen, Kronblätter am Grunde verwachsen.)

Blätter dreizählig, Stengel windend.

Phaseolus, Blüten in achselständigen Trauben.

Blätter gefiedert, ohne Ranken.

Holzgewächse. Stengel nicht windend.

Robinia, Blatt unpaarig gefiedert, Stacheln einfach.
Gleditschia, „ „ „ „ am Grunde verzweigt.
Caragana, „ paarig gefiedert, Blüten in Büscheln.
Gymnocladus, doppelt gefiedert.

Holzgewächse, Schlingstrauch.

Wistaria, Blüten in hängenden Trauben.

Stauden, Blüten in achselständigen Trauben.

Orobus, Blatt mit kurzer Stachelspitze endigend.

Blätter gefiedert, mit Ranken.

Blatt mehrpaarig gefiedert.

Pisum, Nebenblätter grösser, als die Fiederblättchen, Samen kugelig.
Ervum, Samen glatt, Nebenblätter klein, Griffel auf der Fahnenseite stärker behaart.
Vicia, „ rundlich, Nebenblätter mittelgross, Griffel auf der Schiffchenseite stärker behaart.

Blatt einpaarig gefiedert.

Lathyrus, Griffel gewunden, längs der Innenseite gebartet.

II. Kronblätter ganz (oder nur teilweise) unter sich verwachsen.

* Krone regelmässig.

† Blätter gegenständig.

Holzgewächse, Stengel aufrecht.

Blätter fast nadelförmig, klein: **Calluna.**

„ einfach, länglich { **Ligustrum**, Frucht eine Beere. / **Syringa**, zweifächerige Kapsel.

„ drei- bis fünflappig: **Viburnum**, Krone radförmig.

„ gefiedert: **Sambucus** (zum Teil).

Holzgewächse, Stengel liegend.

Vinca, Blatt lederartig.

♃ oder ⊙, ⊙̇, Stengel aufrecht.

Blüten in blattachselständigen Quirlen: **Mentha, Lycopus.**

„ „ gipfelständiger Schirmtraube { **Valeriana**, 3 Staubblätter. / **Sambucus** (zum Teil). 5 „

„ „ gipfelständiger gabeliger Tr. { **Gentiana**, Kronschlund gebartet. / **Erythräa**, „ nicht geb.

„ „ endständiger Dolde: **Primula.**

♃ oder ⊙, ⊙̇. Stengel liegend.

Lysimachia (z. Teil), Kapsel mit Klappen sich öffnend.

Anagallis, „ „ wagrechtem Deckel sich öffnend.

†† Blätter wirtelständig.

Blätter zu 3 bis 4, gross: **Lysimachia vulgaris.**

„ mindestens zu 4 (klein) { **Galium**, Krone radförmig, / **Asperula**, „ trichterförmig. / **Sherardia**, „ röhrig-trichterf.

††† Blätter zerstreut.

Stengel windend: **Convolvolus.**

„ rankend: **Kürbisgewächse.**

Stengel weder rankend, noch windend.

a. 5 Staubblätter.

Campanula, Frucht eine kreiselförmige Kapsel.

Nachtschattengewächse.

(Frucht eine kugelige Kapsel, oder Beere.)

Frucht eine Beere.

Lycium, kletternder Strauch, Krone trichterförmig.

Solanum, Staude oder Halbstrauch, Krone radförmig.

Atropa, Staude, Krone glockig.

Frucht eine kugelige Kapsel.

Datura, Pflanze kahl, Krone gefaltet. Kapsel weichstachelig.

Hyoscyamus, „ klebrig-zottig. Krone nicht gefaltet.

Boretschgewächse.

(Frucht vier einsamige Nüsschen. Pflanzen rauh.)

Kronschlund durch fünf Höcker geschlossen.

Borago, Krone radförmig.
Symphytum, „ röhrig-glockig.
Lycopsis, „ trichterförmig, Schlundschuppen behaart, Blüten in einseitiger Ähre.
Myosotis, „ trichterförmig, Schlundschuppen kahl.

Kronschlund offen.

Echium, Kronsaum schief, Blüten in einseitigen Ähren.
Pulmonaria, Krone regelmässig, Blatt herzeiförmig, gefleckt.
Lithospermum, „ „ „ schmal-lanzettlich.

b. 4 Staubblätter (2 länger, 2 kürzer). ♃

Limosella, kleines, büscheliges, flutendes Kräutchen, Blatt langrund, langgestielt.

c. 4 Staubblätter (gleichgross). ♃

Plantago, Blätter grundständig, büschelig. Blüten in langen, dünnen Ähren.

d. Staubblätter 8—10.

Frucht eine Beere: **Vaccinium** ♄, Krone kugelig, einzeln, in den Achseln der eirunden Blätter.
„ kapselartig, Krone auch getr.-blätterig ♃ {**Pirola**, Kapsel fünffächerig. **Monotropa**, schmarotzend, Blatt [schuppig.

†††† **Blätter gedreit, oder dreizählig zusammengesetzt.**

Menyanthes, Krone im Innern gefranst. *Weiss* bis *rötlich.*
Adoxa, Blüten *hellgrün,* in kugeligen Köpfchen.

††††† **Blätter fehlen.**

Cuscuta, Stengel fadenförmig, windend, Schmarotzer.

** **Krone unregelmässig** (meist lippig).

Holzgewächse:

Lonicera, Krone lippig, Blätter gegenständig, ganzrandig.
Symphoricarpus, Krone ungleich, trichterförmig.

Stauden oder Kräuter, mit grünen Blättern.

† **Frucht eine Hülse, Blatt dreifingerig.**

Trifolium (Schmetterlingsblüter), Blüten in walzlich-kugeligen Köpfchen.

†† **Fruchtknoten in vier Nüsschen zerfallend, Blätter gegenständig.**

1. **Blüten in achselständigen Trugdolden.** (Scheinquirlen,)

Lippenblütige. (Stengel vierkantig.)

a. Krone regelmässig, vierspaltig.

Mentha, Verbena. s. oben.

b. Krone zweilippig, 2 Staubblätter.

Salvia, die Scheinwirtel bilden eine endständige Traube oder Rispe.

c. Krone zweilippig. 4 Staubblätter, 2 davon kürzer.

Blüten in endständiger Schirmtraube.

Origanum, Blätter langeirund, schwach gezähnelt.

Blüten in endständigem Köpfchen. Stengel liegend.

Thymus, Blätter sehr klein, eirund.
Prunella, „ gross, gestielt-eirund.

Blüten in blattachselständigen Scheinwirteln.

* Kelch röhrig, meist gleichmässig fünfzähnig.

Beide Kronlippen flach, obere ausgerandet, untere dreispaltig.

Clinopodium, Blütenquirle von einer Hülle fadenförmiger Deckblätter umschlossen.

Calamintha, Deckblätter fehlen den Blütenquirlen, oder sind sehr klein.

Oberlippe flach, zweispaltig.

Glechoma, Blätter rundlich nierenförmig, gekerbt.

Oberlippe meist gewölbt, Unterlippe dreilappig.

α. Kronröhre im Innern ohne Haarleiste.

Lamium, Mittellappen gross, Seitenlappen klein, zahnförmig.
Galeopsis, am Grunde der Unterlippe beiderseits ein hohler Zahn.
Betonica, Mittellappen doppelt grösser, als die Seitenlappen, Zahn fehlt.

β. Kronröhre im Innern mit Haarleiste.

Galeobdolon, Lappen der Unterlippe fast gleich, schmal, spitz.
Stachys, der Mittellappen bedeutend grösser, Lappen stumpf, Staubfäden nach dem Verblühen gedreht und nach aussen gebogen.

Ballota, Mittellappen grösser, als die seitlichen. Staubfäden gerad bleibend.

** Kelch in zwei ganzrandige Lippen geteilt.

Scutellaria. Krone mit langer Röhre und kleinen, fast geschlossenen Lippen.

d. Krone scheinbar einlippig.

Ajuga, Kelch fünfzähnig, Blätter verkehrt eirund.

2. Blüten wechselständig, in endständiger Ähre: **Verbena.**

††† Fruchtknoten eine zweifächerige Kapsel:

Blätter schuppig, nicht grün: **Lathräa.** ♃.
„ normal: **Maskenblüter:**

Staubfäden 5 (zum Teil wollig).

Verbascum, Krone radförmig, ungleich fünfzipfelig. Steif aufrechte Kräuter, mit wolligen, breiten Blättern.

Staubfäden 4 (2 länger, 2 kürzer).

Krone gespornt: **Linaria**, Sporn kegel- oder walzenförmig.

Kronröhre bauchig, ungleich fünflappig: **Scrofularia**, Stengel kantig.

Kronröhre zweilippig { Kelch fünfzähnig: **Pedicularis**.
„ vierzähnig, aufgeblasen: **Rhinanthus**.
„ „ röhrig: **Melampyrum**.
„ vierspaltig, glockig: **Euphrasia**.

Staubfäden 2: **Veronica**.

Zweite Gruppe: Blütendecke nur von einer Art (Perigon).

A. Blüten in Köpfchen, von einer gemeinsamen Hülle umgeben.

Euphorbia, Blüten *grünlich*, Pflanze mit Milchsaft.

[Einzelne Gattungen der Korbblüter, denen der Fruchtkranz (Haarkelch) fehlt, dürften hierher zu rechnen sein. (Siehe Korbblüter).]

B. Blütenstand nicht von einer gemeinsamen Blätterhülle umgeben.

a. Perigon blumenartig.

* Perigon mehrblätterig.

Anemone, ♃. In der Mitte des Blütenstieles grüne Hüllblätter.

Caltha, ♃. Blatt herzförmig, kreisrund. Ohne Hüllblätter.

Clematis, ♄. Stengel kletternd, Früchte lang fiederig begrannt. (Der Kelch mancher „Doldenträger“ und „Krappgewächse“ ist so klein, dass man die Pflanzen hierher zählen könnte.)

** Perigon einblätterig.

Holzgewächse.

Daphne, Blütenstand ährenförmig, Blatt lanzettlich.

Aristolochia sipho, Stengel windend, Blatt tief herzförmig.

Stauden.

Asarum, Blüten einzeln, glockenförmig, zwischen den nierenförmigen Blättern.

Sanguisorba, Poterium, Blütenköpfchen endständig, dicht, eirund, Blatt gefiedert.

Polygonum (z. Teil), „ „ walzlich, Blttr. ganzrandig.

Thesium, Blüten längs des Stengels, traubig, rispig, Blatt linealisch.

Aristolochia clematitis, Blüten büschelig in den Blattwinkeln, Blatt tief herzförmig.

Valerianella, Blüten in Schirmtrauben, Stengel gabelästig.

Chrysosplenium alternifolium, Blüten klein, in Schirmtrauben, die mit goldgelb gefärbten Blättern umgeben sind.

b. Perigon *grün* bis *grüngelb*, oder fehlend.

* **Holzgewächse: Blüten eingeschlechtig.**

† **Männliche Blüten in abfallenden Kätzchen, Blatt** *sommergrün.*

Männliche und weibliche Kätzchen langgestielt, kugelig: **Platanus.**

Männliche Kätzchen walzlich:

a. Zweihäusig, Samen mit Haarschopf.

Salix, Perigon durch gelbe Drüsen ersetzt, 2—5 Staubblätter.
Populus, „ schief trichterförmig, 8—30 „

b. Einhäusig, 3—9 Griffel.

Fagus, Blatt ganzrandig, männl. Kätzchen eine Quaste bildend.
Quercus, „ meist buchtig gelappt, Fruchthülle becherförmig.
Castanea, „ länglich, gesägt, Fruchthülle kugelig, dicht stachelig.

c. Einhäusig, 2 Griffel, oder Narben.

Blätter gefiedert, 2 Narben.

Juglans, Steinfrucht mit fleischig, lederiger Hülle.

Blätter nicht gefiedert.

Frucht ohne Fruchtbecher.

Alnus, Deckblätter der weiblichen Blüten verholzend (Zapfen).
Betula, „ „ „ „ nicht verholzend.

Mit einfrüchtigem Fruchtbecher.

Carpinus, Bltt. gesägt, ellipt. Weibl. Bl. in langen, lockeren Kätzchen.
Corylus, „ rundl.-herzförm. „ „ „ knospenähnlichen „

†† **Blüten nicht in Kätzchen, Blätter** *immergrün.*

Blüten zu 3 in den Winkeln gabelig verzweigter Achsen: **Viscum** (zweihäusig).
„ knäuelartig in den Blattachseln: **Buxus** (einhäusig).

** **Holzgewächse: Blüten zwitterig.**

Blatt und Zweige zweizeilig, abwechselnd.

Ulmus, Blüten büschelig, Frucht häutig geflügelt.

Blatt und Zweige gegenständig.

Acer, Blatt gelappt (Krone zuweilen vorhanden).
Fraxinus, Blatt gefiedert. (Auch einhäusig und zweihäusig.)

*** ♃ oder ⊙, ⊙: **Blätter gegenständig.**

1. Pflanzen mit Zwitterblüten (kleine Pflanzen).

Blüten in blattachselständigen Wirteln.

Callitriche, Wasserpflanze, 1 Staubblatt.
Herniaria, Landpflanze, 5 Staubblätter, Blatt eirund.
Scleranthus, „ , 5 „ „ schmal.

Blüten einzeln, langgestielt.

Sagina procumbens, Blätter klein pfriemlich. (Krone auch manchmal vorhanden.)

2. **Zweihäusige Pflanzen, windend.**

Humulus, weibliche Blüten in kugeligen Ähren.

3. **Zweihäusige Pflanzen, nicht windend.**

Cannabis, Blätter gefingert (siebenfingerig).
Mercurialis, „ eirund, grob gesägt.
Urtica dioïca, Blatt und Stengel mit Brennhaaren.

4. **Einhäusige Pflanzen.**

Urtica urens, Blatt und Stengel mit Brennhaaren.

**** ♃ oder ⊙, ⊙: **Blätter wechselständig.**

Blatt handförmig gelappt, oder fingerig zusammengesetzt.

Alchemilla, Blüten *grün*, klein, in lockeren Trauben, oder sitzenden Köpfchen.

Blatt nicht handförmig gelappt.

Stengel knotig, die Knoten von Tuten umschlossen.

Polygonum (z. Teil), Nüsschen dreikantig, oder flach.

Stengel ohne tutenförmige Nebenblätter:

Gänsefussgewächse.

Blüten zwitterig.

Chenopodium, Samen mit einer krustigen Schale umkleidet.
Beta, „ „ „ lederartigen „ „

Blüten meist eingeschlechtig.

Atriplex, Samen mit einem häutigen Rand umgeben.

Blüten zweihäusig.

Spinacia, weibl. Perigon mit der Frucht verwachsend.

Schlüssel
für
Einsamenlappige Pflanzen.

I. Blütenhülle aus zwei Blattkreisen bestehend.

* Der äussere Kreis kelchartig, der innere blumenartig.

Alisma, Blätter eiförmig, langgestielt, Blüten in gipfelständigen Trauben.

** Beide Kreise gleichartig.

a. Perigon unregelmässig: **Knabenkrautgewächse.**

Lippe gespornt.

Orchis, Gymnadenia, Platanthera.

Lippe ungespornt, Pflanze ohne Laubblätter.

Neottia, Blütenhülle glockig (Schmarotzer).

Lippe ungespornt, Pflanze mit Laubblättern.

Lippe zweigliederig.

Cephalanthera, Fruchtknoten aufrecht, Perigon zusammengeneigt.
Epipactis, „ hängend, „ abstehend.

Lippe nicht gegliedert.

Listera, Lippe tief herabhängend, zweispaltig.
Spiranthes, Blüten in schraubenförmig gewundener Ähre.

b. Perigon regelmässig, blumenartig.

Frucht eine Beere: Spargelgewächse.

Frucht eine mehrfächerige Kapsel.

Fruchtknoten oberständig.

Liliengewächse, Staubbeutel einwärts aufspringend.
Zeitlosengewächse, „ auswärts „

Fruchtknoten unterständig.

Schwertliliengewächse, 3 Staubblätter.
Narzissengewächse, 6 „

c. Perigon regelmässig, *grünlich.*

Simsen- oder Binsengewächse, Frucht eine ein- bis dreifächerige Kapsel.

II. Perigon borstenförmig, oder fehlend.

* Wasserpflanzen.

Potamogeton, Stengel beblättert, Blätter schwimmend.
Lemna, Zweige blattähnlich flach, blattlos.

** Land- oder Sumpfpflanzen.

† Blüten in walzlichen oder kugeligen Köpfchen.

Kolben fleischig, Blüten zwitterig oder eingeschlechtig.

Acorus, Blatt schwertförmig, Kolben seitlich, freistehend.

Arum, „ eirund-pfeilförmig, „ von blattähnlicher Scheide umschlossen.

Kolben trocken, oben weiblich, unten männlich.

Sparganium, Kolben kugelig, seitlich an dem Schaft stehend.

Thypha, „ walzlich, um den Schaft stehend.

†† Blüten in den Winkeln von Spelzen, Blatt grasartig.

Süssgräser, Halm knotig, stielrund, an den Knoten verdickt, jede Blüte von zwei Spelzen eingeschlossen.

Seggen.

Halm nicht knotig. Jede Blüte von einer Spelze umschlossen.

* Blüten zwitterig, Perigon borstenförmig.

Halm beblättert.

Eriophorum, Perigonborsten 6 und mehr, als langer, weisser Schopf hervorragend.

Scirpus, „ 6, nicht verlängert.

Halm blattlos.

Heleocharis, Ährchen einzeln, endständig, Perigon drei- bis zwölfborstlich.

* Blüten eingeschlechtig.

Carex, Halm dreikantig. Weibliche Blüten von einem offenen Schlauche umschlossen.

Erste Hauptabteilung:

Samenpflanzen, Blütenpflanzen.

A. Bedecktsamige.

Erste Klasse:

Zweisamenlappige Pflanzen.

Erste Unterklasse:

Getrenntblumenblätterige.

1. Familie: Schmetterlingsblüter. (XVII,4.)

1. Sarothamnus, Besenstrauch oder Pfriemen.

1. **S. vulgaris**, Gemeiner-B. ♄, 5—6. *Gelb.* Ostabhang des Ramsberges, altes Gericht, Strasse nach Gonterskirchen. (Im Gebiet keine grösseren Flächen bedeckend.)

2. Genista, Ginster.

2. **G. tinctoria**, Färber-G. ♄, 6, 7. *Gelb.* Pflanze dornenlos, Stengel aufrecht, Blütenstand eine Traube. An Strassenrainen und auf Waldwiesen häufig. (Zwillingsseife.)

3. Ononis, Hauhechel.

3. **O. spinosa**, Dornige-H. ♃, 6, 8. *Rosa.* Die meisten Zweige endigen in Dornen. An Feldweg- und Strassenrainen rundum häufig.

4. Trifolium, Klee.

a. Blüten *purpurrot.*

4. **T. pratense**, Rot- oder Wiesen-K. ⊙, 5—9. Fiederblättchen eirund, Köpfchen fast kugelig. Auf Wiesen, und häufig angebaut.
5. **T. medium**, Mittlerer-K. ♃, 6—7. Fiederblättchen elliptisch (Unterschied gegen 4). Köpfchen kugelig, grösser als bei Nr. 4. Auf begrasten Waldwegen und Blössen. Um die Horloffsmühle, am Ausgang der Schlucht im Eichberg, am Jägerhaus.

6. **T. incarnatum**, Blut- oder Incarnat-K. (aus Süd-Europa stammend). ⊙, 6—7. Blütenköpfchen länglich walzenförmig (selten von fleischroter oder weisser Färbung). Hie und da angebaut. (So i. J. 1884, gegenüber der städtischen Ziegelhütte.)

b. Blüten *blassrot,* Kelch grau-zottig.

7. **T. arvense**, Acker- oder Hasen-K. ⊙, 6—9. An trockenen Rainen und Bergabhängen. Ramsberg.

c. Blüten *weiss* oder *rosa.*

8. **T. hybridum**, Schwedischer- oder Bastard-K. ♃, 6—9. Blüten zuerst weiss, dann rosa, blühender Stengel aufsteigend, kugelige Köpfchen gross. Auf Wiesen, und häufig angebaut.
9. **T. repens**, Kriechender- oder Weisser-K. ♃, 5—9. Blüten zuerst oft rötlich, dann weiss. Blühender Stengel niederliegend, Köpfchen kleiner als bei Nr. 8. (Die grünen Fiederblättchen tragen in der Mitte eine hellere Zeichnung, die die Form eines stumpfen Winkels hat.) Auf Wiesen, begrasten Wegen und an Bergabhängen häufig.

d. Blüten stets *blassgelb.*

10. **T. filiforme**, Kleiner Gold- oder Faden-K. ⊙, 6—8. Fadenförmiger Stengel, die halbkugeligen Köpfchen tragen bis zu 20 Blüten (Unterschied gegen Nr. 11), Fiederblättchen am vorderen Rande ohne „Spitzchen" (Unterschied gegen Nr. 16). Auf Wiesen, an Weg- und Strassenrainen. Wetterfelder Strasse.
11. **T. procumbens**, Mittlerer Gold-K. ⊙, 5—9. Bis zu vierzig und mehr sich dachziegelig deckende Blüten in kugeligen Köpfchen vereinigt. Sonst ähnlich Nr. 10, und an gleichen Orten.

e. Blüten zuerst *goldgelb,* dann *braun* werdend (zurückgeschlagen).

12. **T. agrarium**, Grosser Gold- oder Wald-K. ♃, 6—9. Stengel aufrecht, Köpfchen gross und kugelig (Unterschied gegen Nr. 13). Auf Waldwiesen. (Tiergartenwiese.)
13. **T. spadiceum**, Hopfen- oder kastanienbrauner Gold-K. ⊙, 5—8. Endständige Köpfchen ei- bis walzenförmig. Am unteren Ende der Zwillingsseife. (An der Schotter Strasse, H. R.)

5. Melilotus, Stein- oder Honigklee.

14. **M. officinalis**, Gelber-St. ⊙, 7—9. *Gelb.* Blüten in hängenden oder abstehenden, verlängerten Trauben. Selten. Wurde 1882 im Kasino-Hof gesammelt, fehlt seitdem.

6. Lotus, Hornklee. (Blatt dreifingerig.)

15. **L. corniculatus**, Gemeiner-H. ♃, 5—7. *Gelb* oder zum Teil *blutrot* gefärbt. Stengel niederliegend, ohne Ausläufer. Blüten bis zu fünf zusammen. Wiesen, Triften, Wegränder gemein. Eine grössere Form mit aufrechtem, hohlem Stengel und

reichblütigerem Köpfchen (bis zu zwölf Blüten) „L. uliginosus" Sumpf-H., findet sich auf feuchten Waldwegen um den Tiergärtner Teich, an der oberen Lauterquelle, im Eichberg.

7. Medicago, Schneckenklee.

(Hülse ein- bis zweimal schneckenförmig gewunden.)

16. **M. lupulina,** Gemeiner-Sch. ⊙, oder ⊙, 5—9. *Gelb.* Stengel liegend. Die zuerst „kugeligen" Köpfchen werden nach dem Verblühen „länglich." Fiederblättchen am vorderen Rande mit Spitzchen (Unterschied gegen Nr. 10 und 11).

17. **M. sativa,** Luzerne. ♃, 6—9. *Blau,* — angebaut.

8. Vicia, Wicke. (Blatt gefiedert.)

I. Blatt ein- bis vierpaarig, ohne Ranken.

18. **V. faba,** Sau- oder Buffbohne. ⊙, 6—7. *Weiss* mit schwarzfleckigen Flügeln. Kurze, zwei- bis sechsblütige Trauben. Angebaut in Gärten.

II. Blatt drei- bis vierpaarig, rankend, Fiederblättchen schmal (linienförmig).

19. **V. tetrasperma.** Viersamige-W. ⊙, 6—7. Flügel und Schiffchen *weiss*, letzteres mit *blauem* Fleck, Fahne *lila* gestreift. Blüten einzeln oder zu zwei, gestielt. Unkraut unter Getreide.

III. Blatt vier- bis achtpaarig, stachelspitzig, mit geteilter Ranke endigend.

20. **V. sativa,** Futter-W. ⊙, 5—6. Fahne *blau*, Flügel *purpurn*, Schiffchen *weisslich*. Blüten sehr kurzgestielt, einzeln oder zu zwei, in den Blattwinkeln. Angebaut.

Bei der wilden schmalblätterigen Form: **V. angustifolia** ist die Blüte gleichfarbig, *purpurn*. Unkraut.

21. **V. sepium,** Hecken- oder Zaun-W. *Schmutzig blau.* ♃, 4—6. Traube drei- bis fünfblütig. Fiederblättchen eirund oder länglich. In Hecken und Gebüsch häufig. (Eine Form mit *gelbweiss* gefärbter Blüte findet sich am Ostsaume des Laubacher Pflanzgartens.)

22. **V. hirsuta,** Haarige-W. ⊙, 6—7. *Bläulichweiss.* Blüten kleiner als bei Nr. 19 und 20, in zwei- bis sechsblütigen Trauben. Der sehr dünne Stengel bis zu 1 m lang. Blättchen linienförmig. Auf Äckern und an Strassenrändern häufig. Strasse nach Freienseen.

IV. Blatt meist zehn- bis zwölfpaarig (lineallanzettlich).

23. **V. cracca,** Vogel-W. ♃, 6—8. *Bläulich.* Verlängerte aufrechte Traube reichblütig. Nicht häufig. In Grabenrändern der Strasse nach Schotten, vor dem Walde.

9. Lens, Linse.

24. **L. esculenta,** Acker- oder Saat-L. ⊙, 6—7. *Weisslich, blau geadert.* Blättchen meist sechspaarig, Blütenstiel zwei- bis vierblütig. Angebaut.

10. Pisum, Erbse.

25. **P. sativum,** Gemeine Saat-, Garten- oder Feld-E. ⊙, 5—8. *Weiss.* In zahlreichen Spielarten in den Gärten gepflanzt. Als: Mai-, Schnabel-, Zwerg-, Büschel-, Zuckererbse.

Auch die Ackererbse: **P. arvense,** mit *blassvioletter* Fahne, *purpurroten* Flügeln und *weissem* Schiffchen, ist wohl nur eine Abart von P. sativum. (Oder auch vielleicht umgekehrt.)

11. Lathyrus, Platterbse.

26. **L. pratensis,** Wiesen-P. ♃, 6—7. *Gelb.* Stengel ungeflügelt. Unpaarig gefiedertes Blatt in geteilter Ranke endigend. Fiederblättchen zugespitzt. Auf Wiesen häufig.

12. Orobus, Walderve.

27. **O. vernus,** Frühlings-W. ♃, 4—5. *Purpurn,* später *blau* oder *grünlich.* Blatt zwei- bis dreipaarig gefiedert, Fiederblättchen breit „eiförmig,“ unterseits glänzend. Rundum in den Buchenwaldungen häufig.

28. **O. tuberosus,** Knollige-W. ♃, 4—5. *Rot, blau* oder *violett.* Wurzelstock knollig verdickt. Blatt zwei- bis dreipaarig gefiedert. Fiederblättchen „länglich“ bis „lanzettförmig,“ unterseits *mattgrün.*

Scheint im eigentlichen Gebiete zu fehlen, wurde dagegen auf einem Klassenausflug in den Wäldern zwischen Stornfels und dem Fallthorhause gefunden. (Nach Roth soll sie um die Zwillingsseife gefunden worden sein.)

29. **O. niger,** Schwarze-W. ♃, 6—7. *Purpurrot* mit dunkleren Adern. Blatt fünf- bis sechspaarig, unterseits matt. Fiederblättchen länglich-eiförmig. Pflanze wird beim Trocknen schwarz. Findet sich im Solms'schen Herbarium mit der Angabe „bei Laubach,“ ist indessen noch nicht auf Excursionen aufgefunden worden.

13. Phaseolus, Bohne.

30. **Ph. vulgaris,** Gemeine Schmink-B. ⊙, 6—9. Meist *weiss.* Wahrscheinlich aus Amerika (Peru) eingeführt. Wird in zahlreichen Spielarten gezogen. Die häufigsten sind:

die „gemeine Stangenbohne“ mit windendem Stengel.
die „Busch- oder Zwergbohne,“ kaum oder nicht windend.

31, **Ph. multiflorus**, Türkische- oder Feuer-B. ⊙, 7—8. *Weiss* oder *hochrot*, ebenfalls aus Amerika. Unterschied gegen Nr. 30: Blütentraube länger als das Blatt, Hülsen rauh und leicht sichelförmig gebogen. Bei Nr. 30 Blütentraube kürzer als das Blatt, Hülse kahl und gerade.

Von nicht einheimischen baum- oder strauchartigen Pflanzen dieser Familie finden sich im Gebiete häufiger angepflanzt:

14. (32.) **Robinia pseud-Acacia**, Gemeine Robinie oder falsche Akazie. ♄, 5—7. Äste und Blattstiele „kahl.“ Auch in der Abart mit kurzen, zusammengedrängten Zweigen als „Kugel-Akazie.“

(33.) **Robinia viscosa**, Klebrige-R. ♄, 7. *Rötlich.* Zweige und Hülsen „klebrig-drüsig“. (In Gärten angepflanzt.)

15. (34.) **Caragana arborescens**, Strauchartiger Erbsenbaum. ♄, 4—5. *Gelb.* Bis 2 m hoher Strauch mit zweipaarig gefiederten Blättern. (Als Zierstrauch in Gärten.)

16. (35.) **Cytisus laburnum**, Goldregen. ♄, 4—6. *Gelb.* Seitenständige, hängende, reichblütige Trauben, mit seidenhaarigen Hülsen und dreizähligen (elliptischen) Blättern. Auf dem Ringelsberg.

17. (36.) **Gymnocladus canadensis**, Kanadischer Geweihbaum. ♄. Blätter doppelt gefiedert (bis zu 30 cm lang). Blütentrauben *weiss*. Beblättert sich erst im Juni.
Angepflanzt vor der Schutzhütte auf dem Ramsberg, im Schlossgarten.

18. (37.) **Gleditschia triacanthos**, Christus-Akazie. ♄. In der Tracht der Robinien, mit doppelt oder mehrfach gefiederten Blättern, und langen, braunroten Dornen, die in ihrem unteren Drittel zwei kleinere sich gegenüberstehende Dornen besitzen. Ein hoher Baum findet sich im Schlossgarten.

19. (38.) **Wistaria chinensis**, Chinesischer Süss-Strauch. ♄, Bis 7 m hoher Schlingstrauch, mit unpaarig gefiederten Blättern und endständigen, hängenden, wohlriechenden, blauen Trauben. An Häusern und zu Lauben angepflanzt.

---

2. Familie: Steinfrüchtler oder Steinobstpflanzen.

20. Prunus, Pflaume. (XII, 1.)

A. Blüten einzeln oder paarweis, vor den Blättern erscheinend.

I. Frucht kugelig und sammthaarig, unbereift.

39. **P. armeniaca**, Aprikose. ♄, 3—4. *Weiss*, oder ins *rötliche* spielend. Aus dem Orient stammend. Hält nur schwer aus.

II. Frucht unbehaart, mit abwischbarem Reif bedeckt.

α. Frucht kugelig.

40. **P. spinosa**, Schwarzdorn oder Schlehe. ♄, 4—5. *Weiss*. Zweige dornig. Frucht aufrecht, blau.

41. **P. insititia**, Gemeine-Pf. (verwildert Haferpflaume). *Weiss*. ♄, 4—5. Zweige nicht dornig, sonst wie vorige. Häufig angepflanzte Spielarten sind:
Die Mirabelle. Frucht *rötlich gelb*.
Die Reineclaude. Frucht *grün* oder *grünlich gelb*.

42. **P. cerasifera**, Kirschpflaume oder arabische Kirsche. ♄, 4—5. Zweige nicht dornig endend, Frucht hängend, *rot*, kirschenähnlich. Hie und da in Gärten angebaut.

β. Frucht eiförmig länglich, *blau*.

43. **P. domestica**, Zwetsche. ♄, 4—5. *Grünlich-weiss*.

B. Blüten in Dolden oder Trauben. Die Blätter fast gleichzeitig mit den Blüten. Frucht ohne Reif und unbehaart.

I. Blütenstand eine Dolde, Blüten *weiss*, Frucht *rot*.

44. **P. avium**, Vogel- oder Süsskirsche. ♄, 4—5. Am Grunde des Blütenstandes keine Laubblätter, sondern nur Schuppen. Äste aufrecht. Wild in den Buchenwaldungen und häufig kultiviert. (Zahlreich in der Gemarkung Lauter.)

45. **P. cerasus**, Sauerkirsche. ♄, 4—5. Am Grunde der Dolden Laubblätter, Äste hängend. Häufig angepflanzt, namentlich in Lauter. (Beliebte Spielarten: „Die Glaskirsche“ und „die Morelle.“)

II. Blütenstand eine hängende Traube, Frucht *schwarz*.

46. **P. padus**, die Ahlkirsche. ♄, 5. *Weiss*. Angepflanzt in Gärten (Schlossgarten), zerstreut in den Wäldern, so bei Weickartshain, an den Ufern der Horloff in der Nähe des Jägerhauses.

3. Familie: Spierengewächse.

21. Spiräa, Spierstaude (XII, 2—5).

47. **Sp. ulmaria**, Gemeine-Sp. ♃, 6—7. *Weiss*. Blatt unterbrochen gefiedert. An den Ufern der Bäche (Wetter, Horloff, Lauter) und in feuchten Gräben häufig.

Angepflanzt (zu lebenden Zäunen) und von da an der Wetter verwildert:

48. **Sp. salicifolia**, Weidenblätterige-Sp. ♄, 6—8. *Weiss* oder *rosa* in endständigen Trauben.
49. **Sp. ulmifolia**, Ulmenblätterige-Sp. ♄, 5—6. *Weiss*, Blüten in halbkugeligen Dolden. (?)

4. Familie: Fingerkrautartige Gewächse.

22. Alchemilla, Frauenmantel oder Sinau. (IV, 1.)

50. **A. vulgaris**, Gemeiner-F. ♃, 5—7. Blüten in endständigem Ebenstrauss. Blatt halbkreisrund, Rand gesägt. An Strassen- und Wegrändern häufig. (Strasse nach Freienseen, nach Schotten, am Ramsberg.)
51. **A. arvensis**, Acker-F. ⊙, 5—9. *Gelblichgrün*. Blüten in den Blattwinkeln geknäuelt. Blatt handförmig drei- bis fünflappig. In Saatäckern. (Gombach.)

23. Potentilla, Fingerkraut. (XII, 6.)

I. Blatt unpaarig gefiedert, Blüten *gelb*.

52, **P. anserina**, Gänse-F. ⊙, 6—9. Stengel ausläuferartig kriechend, Blatt unterseits *weiss*, seidenhaarig, vielpaarig gefiedert. Blüten einzeln. Wegränder, Triften häufig.

53. **P. supina**, Niedriges-F. ⊙, 6—9. Blüten in Trugdolden. Blatt meist nur fünfpaarig gefiedert. Im oberen Schlosshof, vor dem Eingang zur Bibliothek. (F r i e d r i c h, G r a f z u S o l m s.)

II. Blatt fünf- bis siebenzählig gefingert, Blüten *gelb*.

54. **P. argentea**, Silberweisses-F. ♃, 6—7. Stengel und Blattunterseite weissfilzig. Stengel aufrecht, ebenstraussförmig verzweigt. Süd-West-Abhang von Ruppertsburg, an den gemauerten Wassergräben im unteren Schlossgarten.
55. **P. reptans**, Kriechendes-F. ♃, 6—9. Einfacher Stengel, ausläuferartig niedergestreckt, mit langstieligen Blättern, deren Achseln einzeln stehende, langgestielte Blüten entspringen. An Strassenrändern (Strasse durch den Schlossgarten). Häufig auf dem Ringelsberge auf dem Wege nach dem Gaulskopf.

56. **P. verna**, Frühlings-F., ♃ 4—5. Vielstengeliges Rhizom. Fruchtstiel gerade. Stengel nebst Blattstiel mit langen, wagrecht abstehenden Haaren. Sonnige Triften, häufig. — Ramsberg.

Als „gute Arten“ (?) werden häufig nachstehende Formen aufgefasst:

P. opaca, Glanzloses-F. Fruchtstiel nach dem Verblühen herabgebogen. Stengel meist *rötlich*. Am alten Kirchhof (Hermann Graf zu Solms), an der Strasse nach Gonterskirchen.

P. cinerea, Graues-F. Fruchtstiel aufrecht. Die Pflanze erhält durch den Besitz weisser Sternhaare ein graufilziges Ansehen. Ramsberg.

57. **P. tormentilla**, Blutwurz. ♃, 6—9. Der verdickte Wurzelstock trägt mehrere aufstrebende Stengel. An sonnigen Waldrändern häufig. Zwillingsseife, Strasse nach Freienseen (am Eingang zum Walde und längs des Eichwaldes).

III. Blatt dreifingerig, Blüte *weiss*.

58. **P. fragariastrum**, Erdbeer-F. ♃, 4—5. Der Erdbeere ähnlich. Die einzelnen Blättchen sind kaum länger als breit, obere Blattfläche matt, die untere abstehend behaart, die Früchtchen sind *grünlich* gefärbt. (Vergleiche Nr. 60.) Auf Grasplätzen in Gärten.

24. Comarum, Blutauge. (XII, 6.)

59. **C. palustre**, Sumpf-Bl. ♃, 6—7. *Purpurbraun*. Stengel ästig aufsteigend, bis 1 m lang, untere Blätter gefiedert, obere dreifingerig. Auf der sumpfigen Wiese oberhalb des Tiergärtnerteiches.

25. Fragaria, Erdbeere. (XII, 6)

60. **F. vesca**, Gemeine-E. ♃, 5—6. *Weiss*. Blatt dreifingerig. Blättchen etwa doppelt so lang wie breit, obere Blattfläche glänzend, Früchtchen lebhaft *gelb*. (Vergl. Nr. 58.) Rundum in Wäldern häufig.

Nach dem vorstehenden oder überragten Endzahn der Fiederblättchen, und dem angedrückten oder abstehenden Kelch unterscheidet man als Abarten (Arten?):

1. **F. elatior**, Hochstengelige-E., mit „einfach roter“ Scheinfrucht.
2. **F. collina**, Hügel-E., mit „tiefroter“ Scheinfrucht. Beim Abreissen derselben geht der Kelch meist mit.

26. Geum, Nelkenwurz. (XII, 6.)

61. **G. urbanum**, Gemeine-N. ♃, 7—9. *Gelb*. Blüten aufrecht. An Hecken und Zäunen häufig.

62. **G. rivale,** Ufer- oder Bach-N. ♃, 5—6. Kelch *purpurbraun*, Krone *gelb* und *rot*, Blüten nickend. An feuchten Orten im Walde: Kisselsbach, Strasse nach Freienseen im Walde (rechts), am Tiergärtner Teich, im unteren Schlossgarten.

27. Rubus, Brombeere — Himbeere (XII., 6.)

I. Stengel krautartig bleibend.

63. **R. saxatilis,** Felsen- oder rote B. ♃, 6—8. *Weisslich*. Stengel niederliegend, ohne Stacheln, Blätter dreiteilig, beiderseits *grün*. Blüten in endständiger Traube. Die wenigen Früchte (meist zwei) sind *rot* und grösser als bei den folgenden Arten. An einer Stelle des Wetterauer Berges.

II. Stengel verholzend.

64. **R. idäus,** Himbeere. ♄, 5—6. *Weiss*. Die unteren Blätter gefiedert, die oberen dreiteilig, Unterseite weissfilzig. Die *roten* Früchte meist zahlreich bei einander. Auf lichten Waldstellen häufig. Pfad nach Freienseen, Weg nach Weickartshain, in der Oberstube u. a. a. O.

65. **R. fruticosus,** Brombeere. ♄, 7—8. *Weiss* oder *rötlich*. Stengel kantig oder stielrund, kahl, behaart oder bereift. Blatt drei- oder fünfteilig, beiderseits *grün* oder einseitig *grau*- bis *weissfilzig*. Frucht glänzend *schwarz*, oder *blau* bereift, so bei der häufigsten Abart (Art?) R. cäsius. Ausser ihr unterscheidet man noch zahlreiche Arten (Abarten?).

Die aus Nord-Amerika stammende:

66. **R. odoratus,** Zimmt-Br. ♄, 6—7, mit drei- bis fünflappigen Blättern und grossen *roten* wohlriechenden Blüten findet sich unfern der nördlichen Grenze des Gebietes verwildert im Walde. (Judenrain in der Nähe der Kiliansherberge.)

---

5. Familie: Wiesenknopfartige Gewächse.

28. Agrimonia, Odermennig (XI., 2.)

67. **A. eupatoria.** Gemeiner-O. ♃, 6—8. *Gelb*. Gefiedertes Blatt unterseits *grau*. Pflanze bis 1,25 m hoch. Auf begrasten Wegen und an Abhängen häufig. Die kräftigere Form: Wohlriechender-O. ♃, 6—8, *gelb*, bis 2 m hoch, mit *grüner* Blattunterseite und mit scharfem Terpentingeruch zur Blütezeit, findet sich zerstreut in den Buchenwaldungen. Ziegenberg.

29. Sanguisorba, Wiesenknopf. (IV, 1.)
(Blatt unpaarig gefiedert.)

68. **S. officinalis**, Gebräuchlicher-W. ♃, 7—9. *Rötlichbraun.* Fiederblättchen etwa doppelt so lang als breit. Auf Wiesen häufig.

30. Poterium, Becherblume. (XXI, 5.)
(Blatt unpaarig gefiedert.)

69. **P. sanguisorba**, Gemeine-B. ♃, 5—7. *Grün*, später *braun.* Fiederblättchen nur etwa so lang als breit (sonst ähnlich Nr. 68 und an gleichen Orten).

6. Familie: Rosenartige Gewächse.

31. Rosa, Rose. (XII, 6.)

*) **Blatt beiderseits** *grün*, **Stacheln sichelförmig gekrümmt.** (Kelch frühzeitig abfallend.)

70. **R. canina**, Hunds-R. ♄, 6. *Rosa*, oder *weiss.* Stacheln gleich gross, flachgedrückt. Blatt ohne Drüsen. In Hecken und Wäldern gemein.

71. **R. rubiginosa**, Wein-R. ♄, 6—7. *Dunkelrosa.* Stacheln sehr ungleich (grosse und kleine). Blatt unterseits mit zahlreichen Drüsenhaaren, beim Reiben angenehm riechend. In Hecken und Wäldern nicht selten. Häufig auf dem Ramsberg.

) **Blattunterseite *graugrün*, **Stacheln gerade.** (Kelch lange bleibend.)

72. **R. tomentosa**, Filzblätterige-R. ♄, 6—7. *Weiss* oder *blassrot.* Stacheln ungleich, Blatt drüsenlos. Zerstreut auf Waldblössen.

Zahlreiche Arten und Abarten finden sich in den Gärten angepflanzt.

7. Familie: Apfelfrüchtler (Kernobstgewächse).

32. Cratägus, Weissdorn. (XII, 1—3.)

73. **C. oxyacantha**, Gemeiner-W. ♄, 5—6. *Weiss* oder *rötlich.* Griffel meist 2. Frucht *rot.* Die Blatteinschnitte der drei- bis fünflappigen Blätter reichen nicht bis zur Blattmitte. Lappen unterseits *grün.* An Wegen und Rainen häufig. Ziegelhütte, Schmelzpfädchen, Tiergärtnerteich u. a. a. O.

74. **C. monogyna**, Eingriffeliger- oder spitzblätteriger-W. ♄. 5—6. Griffel meist 1. Die Blatteinschnitte reichen bis unterhalb der Blattmitte, zuweilen bis auf den Mittelnerv, Unterseite der Lappen *bleichgrün*, sonst wie vorige. Untermischt mit Nr. 73, am Tiergärtnerteich, am Schmelzpfädchen, aber weniger häufig.

33. Pirus, Birn- und Apfelbaum. (XII, 2—5.)

* **Blütendolde** *wenigblütig*.

75. **P. communis**, Der Birnbaum. ♄. 4—5. *Weiss*. Staubbeutel *rot*. Blattstiel etwa „gleichlang" mit der Spreite. In zahlreichen Abarten angebaut. Findet sich wild in den Waldungen. (Am Halgarten.)

76. **P. malus**, Der Apfelbaum. ♄. 5. *Rötlichweiss*. Staubbeutel *gelb*. Blattstiel etwa halb so lang als die Spreite. In zahlreichen Abarten angebaut. Findet sich wild in den Waldungen. (Lingelbach.)

** **Doldenrispe vielblütig.**

77. **P. aucuparia**, Vogelbeere. ♄, 5—6. *Weiss*. Blatt unpaarig gefiedert. Kugelige Scheinfrucht *rot*. Strasse nach Freienseen und Schotten, auf dem Ramsberg.

78. **P. torminalis**, Elsebeere. ♄, 5. *Weiss*. Blatt breiteiförmig, gewöhnlich fünflappig. Scheinfrucht eiförmig, *braun* mit *weissen* Pünktchen. Vereinzelt an Strassen und im Walde angepflanzt. Strasse nach Freienseen, Schotten, an der Engelburg, im Wetterauerberg, Einfirste u. a. O.

8. Familie: Seidelbastgewächse.

34. Daphne, Seidelbast oder Kellerhals. (VIII, 1.)

79. **D. mezereum**, Gemeiner-S. ♄, 3—4. *Rosenrot*. Blüten zu zwei bis drei in seitenständigen Knospen, ährenförmig angeordnet, mit betäubend süsslichem Geruch, sie erscheinen vor den Blättern, diese sind in der Form denen des Lorbeerbaumes ähnlich. Häufig in den Waldungen: An der Strasse nach Schotten und Freienseen, am Ost- und Westrand der „langen Wiese."

9. Familie: Santelgewächse.

35. Thesium, Leinblatt. (V, 1.)

80. **Th. montanum**, Berg-L. ♃, 6—7. Perigon *grün*, innen *weiss*, nach dem Verblühen nach innen eingerollt, mit der Frucht einen runden Knopf darstellend. Stengel 30—50 cm hoch.

Blütenstand traubig, jede Blüte von drei Deckblättern gestützt, Blätter lanzettlich, lang zugespitzt.
Auf der Zwillingsseife, auf der Wiese vor dem Freienseener Pflanzgarten. (n. Friedrich, Graf zu Solms.)

10. Familie: Mistelgewächse.

36. Viscum, Mistel. (XXII., 4.)

81. **V. album**, Weisse-M. ♄, 3—4. *Gelblich grün.* Immergrün. Stengel gabelästig. Beere *weiss*. Halbschmarotzer, meist auf Apfelbäumen. (An der Strasse nach dem Steinbruch am Ramsberg, bei Lauter u. a. a. O.)

11. Familie: Osterluzei-Gewächse.

37. Aristolochia, Osterluzei. (XX., 3.)

82. **A. clematitis**, Gemeine-O. ♃, 5—6. *Gelb.* Hie und da in Gärten angepflanzt. An einer Mauer bei der Schäferei. (Wohl auch nur verwildert.)
83. **A. sipho**, Grossblätterige-O. oder Tabakspfeifenblume. ♄, 7—8. *Grünlich braun.* Hie und da zur Wandbekleidung und zu Lauben angepflanzt.

38. Asarum, Haselwurz. (XI, 1.)

84. **A. europaeum**, Gemeine-H. ♃, 3—5. *Dunkelrot.* Perigon glockig, Blätter herz-nierenförmig. Im Wildfrauberg (unter Alnus incana), am Waldrand vom Jägerhaus nach dem Kirchberg, an der Bingmühle, am Ringelsberg. (n. Roth.)

12. Familie: Weiderich-Gewächse.

39. Lythrum, Weiderich. (XI, 1 oder VI, 1.)

85. **L. salicaria**, Gemeiner-W. ♃, 7—8. *Violett.* An allen Bächen im Gebiete häufig (Stein- und Schellenbach).

13. Familie: Nachtkerzen.

40. Epilobium, Weidenröschen. (VIII, 1.)

I. Blumen gross, etwa 2 cm im Durchmesser.

86. **E. augustifolium**, Schmalblätteriges-W. ♃, 7—8. *Rot.* Schönste und grösste Art. Blätter „wechselständig," „lanzettlich," ganzrandig. Häufig an Bächen. Schellenbach.

87. **E. hirsutum**, Zottiges-W. ♃, 6—9. *Purpurrot.* Stengel ringsum gleichmässig behaart. Blätter „gegenständig," am Rande klein gesägt. An den Bächen des Gebietes im Ufergebüsch. Steinbach.

II. Blumen klein, höchstens 1 cm im Durchmesser.

88. **E. parviflorum**, Kleinblütiges-W. ♃. 6—7. *Hellviolett.* Blätter sitzend, lanzettlich, am Rande fein gezahnt. Stengel dicht behaart. In feuchten Wiesen und Waldgräben gemein.

89. **E. montanum**, Berg-W. ♃, 6—8, *Fleischrot* oder *weiss.* Blätter deutlich gestielt, eiförmig, am Rande stark und ungleich gezahnt. Stengel fast kahl. Im Waldgebüsch. Ramsberg, um den Tiergärtnerteich, Pfad nach Freienseen.

41. Önothera, Nachtkerze. (VIII, 1.)

90. **Ö. biennis.** Gemeine-N. ⊙, 7—9. *Gelb.* Stammt aus Nord-Amerika (Virginien). Verwildert an der Horloff, zwischen der Friedrichshütte und Ruppertsburg, rechts von der Strasse.

42. Circäa, Hexenkraut. (II, 1.)

91. **C. lutetiana**, Gemeines-H. ♃, 7—8. *Weiss* oder *rötlich.* An etwas feuchten Waldstellen rund um Laubach. An der Engelburg, der oberen Lauterquelle, im Wald nach dem Jägerhaus und Gonterskirchen.

14. Familie: Dickblätterige Pflanzen.

43. Sedum, Mauerpfeffer oder Fetthenne. (X, 5.)

I. Blüte *gelb.*

α. Blütentragende Zweige zurückgebogen.

92. **S. reflexum**, Zurückgekrümmter-M. ♃, 6—8. Am Ramsberg (H. R.), Weg nach Gonterskirchen, im Ruppertsburger Wald. (Roth.)

β. Zweige nicht zurückgebogen, Blüten in Trugdolden.

93. **S. acre**, Scharfer-M. ♃, 6—7. Geschmack scharf. Blätter etwas abstehend. Auf dürren Plätzen (Ramsberg) und Mauern (Schlossmauer), gemein.

94. **S. sexangulare**, Sechszeiliger-M. ♃, 6—7. Geschmack wässerig. Blätter aufrecht. Auf dürren Plätzen. (Zwischen dem Steinbruch von Röthges und dem Dorfe.)

II. Blüten *weiss* **oder** *rötlich.*

95. **S. album**, Weisser-M. ♃, 6—9. *Weiss.* Blütentragender Stengel von zahlreichen nicht blühenden Zweigen umgeben. Auf der Süd-Ostseite der oberen Schlossgartenmauer angepflanzt.

96. **S. villosum**, Drüsenhaariger-M. ⊙, 7—8. *Rötlich.* Blatt drüsig behaart. Nichtblühende Sprossen fehlen. Zwischen Steinen auf dem Wege nach dem Brühlsköpfchen zu. (Friedrich, Graf zu Solms,)

44. Sempervivum, Hauswurz. (XI, 5.)

97. **S. tectorum**, Dachwurz. ♃, 7—8. *Rot.* Nicht häufig. Auf einer Mauer bei Barbier Krauss, auf Strohdächern in Freienseen.

15. Familie: Steinbrechgewächse.

45. Saxifraga, Steinbrech. (X, 2.)

98. **S. granulata**, Knollentragender-St. ♃, 4—6. *Weiss.* Auf Wiesen rundum L. häufig. Gombach, am roten Stahl.

46. Chrysosplenium, Milzkraut. (VIII, 2.)

99. **Ch. alternifolium**, Wechselblätteriges-M. ♃. 3—4. *Goldgelb.* Blätter wechselständig. Auf feuchten Waldstellen. Im Buchwald (zwischen dem Laubacher Pflanzgarten und der Strasse nach Freienseen), im Eselskopf.

16. Familie: Herzblattgewächse.

47. Parnassia, Herzblatt. (V, 4.)

100. **P. palustris**, Sumpf-H. ♃, 7—9. *Weiss.* Inmitten des Stengels ein herzförmig-stengelumfassendes Blatt. Feuchte Wiesen um L. (Oberhalb der Villa Friedensruh, Wiesen nach dem Tiergärtnerteich zu, links.)

17. Familie: Stachelbeergewächse.

48. Ribes, Johannis- und Stachelbeere. (V, 1.)

101. **R. grossularia**, St. ♄, 4—5. *Grünlichgelb.* Angepflanzt, und in Hecken verwildert. (Am Ramsberg, an der unteren Hegbrücke.)

102. **R. rubrum**, Rote-J. ♄, 4—5. *Gelbgrün*. Beeren *rot* oder *blassgelb*. Angepflanzt und verwildert. (An der unteren Hegbrücke.)

103. **R. nigrum**, Schwarze-J. ♄, 4—5. *Grün*, innen *rot*. Beeren *schwarz*, widerlich riechend. Angepflanzt und verwildert. (Im Imsenhau. Solms'sches Herb.)

Der aus Nord-Amerika eingeführte:

104. **R. aureum**, Goldgelbblühende-J. ♄, 5—6 ist ein häufiger und beliebter Gartenzierstrauch.

---

18. Familie: Pfeifensträucher.

49. Philadelphus, Pfeifenstrauch. (XII, 1.)

105. **Ph. coronarius**, Wilder Jasmin. ♄, 5—6. *Grünlichweiss*. Blüten scharf riechend. Als Zierstrauch, und in Gartenhecken um L. verwildert.

---

19. Familie: Doldenpflanzen oder Schirmträger.

(V, 2.)

I. Blätter nicht gefiedert.

50. Sanicula, Sanikel.

106. **S. officinalis**, Gemeiner-S. ♃, 5—6. *Rötlich* oder *weiss*. Die gundständigen, langgestielten Blätter tief handförmig, fünflappig. Döldchen kopfförmig, die reifen Früchte mit hakenförmigen Borsten. An schattigen Stellen der Buchenwaldungen. (Zwillingsseife, im Tiergarten, Einfirste.)

II. Blätter einfach gefiedert.

* **Blüten** *weiss*.

A. Frucht ungeflügelt.

α. Hülle und Hüllchen fehlend (Landpflanzen).

51. Pimpinella, Bibernell.

107. **P. magna**, Grosse-B. ♃, 5—6. Stengel beblättert, tief gefurcht. Auf Wiesen häufig.

108. **P. saxifraga**, Stein-B. ♃, 8—9. Stengel nach oben blattlos, nur zart gerillt. Wiesen und grasige Triften, gemein.

52. Apium, Sellerie.

109. **A. graveolens**, Gemeiner-S. ⊙, 7—9. *Grünlich-weiss*. Der fleischig-knolligen Wurzel halber in Gärten angebaut.

β. Hülle und Hüllchen mehrblätterig (Wasserpflanze).

53. Berula, Berle.

110. **B. angustifolia**, Schmalblätterige-B. ♃, 7—8. Häufig in der Wetter (Steinbach) und dem Schellenbach (gegenüber der alten Ziegelhütte).

B. Frucht geflügelt, Blattscheiden gross und bauchig aufgeblasen.

54. Heracleum, Bärenklau.

111. **H. sphondylium**, Gemeine-B. ♃, 6—9. Fiederblättchen gespalten. Die äusseren Blumenblätter auffallend grösser als die inneren. Früchtchen mit drei oder fünf schmalen Flügeln. Auf Wiesen gemein.

** Blüten *gelb*.

55. Pastinaca, Pastinak.

112. **P. sativa**, Gemeine-P. ⊙, 7—8. Stengel kantig gefurcht, Blätter oberseits glänzend, unterseits flaumig. Auf den Wiesen des Horloffthales gemein, auf denen des Wetterthales seltener.

III. Blätter einfach gefiedert, Fiederblättchen dreiteilig.

56. Ägopodium, Geisfuss oder Giersch.

113. **Ä. podagraria**, Gemeiner-G. oder Zipperleinkraut. ♃, 6—9. *Weiss.* An Hecken und in Grasgärten, überall.

IV. Alle Blätter mindestens doppelt gefiedert.

* Blumen *bleichgelb*.

57. Silaus, Silau.

114. **S. pratensis**, Wiesen-S. ♃, 6—8. Wurzelblätter drei- bis vierfach gefiedert, Zipfel stachelspitzig. Stengel kantig. Auf Wiesen und begrasten Strassenrainen (Strasse nach Wetterfeld) häufig.

Nur in Gärten angebaut finden sich:

58. (115.) **Petroselinum sativum**, Petersilie. ⊙ Blätter glänzend, zwei- bis dreifach gefiedert, *hellgrün*, (auch „kraus").

59. (116.) **Föniculum officinale**, Fenchel. ♃. Blätter vielteilig mit linienförmigen Zipfeln und „langen" randhäutigen Blattscheiden.

60. (117.) **Anethum graveolens**, Dill. ⊙ Nr. 116 sehr ähnlich, doch mit „schmalen" Blattscheiden.

** Blumen *weiss.*

A. Frucht geflügelt. Zwei breite Rand- und drei schmälere Rückenflügel.

61. Selinum, Silge.

118. **S. carvifolium,** Kümmelblätterige-S. ♃, 7—8. Randflügel etwa „doppelt" so breit, als die Rückenflügel. Die fiederspaltigen Blättchen endigen in länglichen Zipfeln mit weisser Stachelspitze. Nicht selten. Auf der Zwillingsseife, längs der Wetter innerhalb des Waldes, an der Strasse nach Freienseen in Gräben in dem Walde — links u. a. a. O.

62. Angelika, Brustwurz.

119. **A. silvestris,** Wald-B. ♃, 7—8. Rückenflügel „fadenförmig" schmal, Seitenflügel „sehr breit." Pflanze bis 1,25 m hoch. Blätter und Dolden gross, die oberen Blätter mit bauchig aufgeblasenen Scheiden. An der Wetter (Steinbach), der Horloff u. a. O. häufig.

B. Frucht ungeflügelt.

α. Frucht auf dem Rücken stachelig.

63. Daucus, Gelbrübe oder Möhre.

120. **D. carota,** Gemeine-G. ⊙ oder ⊙. Wurzel und Stengel holzig, letzterer rauhhaarig. Häufig haben die nach der Blüte zusammengezogenen Dolden in der Mitte ein *rotes,* unfruchtbares Blütchen.

Die Wurzel wird in der Kultur (besserer Boden und Entfernung des Unkrautes durch Jäten) fleischig und ihrethalben wird die Pflanze als **gebräuchliche Gelbrübe** oder **Karotte** angebaut.

64. Torilis, Klettenkerbel.

121. **T. anthricus,** Hecken-Kl. ⊙, 6—7. Oft *rötlich.* An Hecken und Wegen rundum gemein.

β. Frucht ohne Stacheln, höchstens dreimal so lang als breit.

65. Carum, Kümmel.

122. **C. carvi,** Gemeiner-K. ⊙, 4—5. Hülle und Hüllchen fehlen, die unteren Fiederäste eines Blattes sind ins „Kreuz" gestellt. Stengel kantig, Frucht eirund. Auf Wiesen häufig.

66. Äthusa, Gleisse oder Hundspetersilie.

123. **Ä. cynapium,** Gemeine-H. ⊙, 5—10. Hülle fehlt, Hüllchen dreiblätterig auf einer Seite herabhängend.. Stengel stielrund, gestreift, Blattunterseite glänzend. Als Unkraut in Grabgärten nicht selten, um den Kirchhof bei Ruppertsburg.

γ. Frucht stachellos, mehr als dreimal so lang, wie breit.

† Frucht ungeschnabelt.

67. Chärophyllum, Kälberkropf.

Frucht fast rippenlos.

124. **Ch. temulum,** Betäubender-K. ⊙, 6—7. Stengel fein gerieft, an den Knoten angeschwollen, meist *rot* gefleckt, kurzhaarig. An Hecken gemein.

125. **Ch. hirsutum,** Rauhhaariger-K. ♃, 6—8. Oft *rosenrot.* Stengel an den Knoten nicht angeschwollen, meist rauhhaarig, ungefleckt. Die ganze Pflanze kräftiger, als die vorige. Kahl. Im Kaff, an der Strassenbiegung, wo der Graben nach der Kisselsbach führt. Im Schlossgarten.

68. Myrrhis, Süssdolde.

Jedes Früchtchen mit fünf scharf hervortretenden hohlen Rippen.

126. **M. odorata,** Wohlriechende-S. ♃, 6—7. Riecht nach Anis. Blätter gross, fein zottig. Im oberen Teile des Schlossgartens.

†† Frucht geschnabelt.

69. Anthriscus, Kerbel.

127. **A. silvestris,** Gemeiner-K. ♃, 5—6. Auf Wiesen und an Hecken gemein.

128. **A. cerefolium,** Garten-K. ⊙, 5—6. Häufig in Gärten angepflanzt und auf Schutt verwildert.

---

20. Familie: Epheuähnliche Pflanzen.

70. Hedera, Epheu. (V, 1.)

129. **H. helix,** Gemeiner-E. ♄, 8—10. *Grünlichgelb.* Ringsum in den Waldungen, nicht selten. (Buchwald, an der Strasse nach dem Jägerhaus, um den Tiergärtnerteich, Grenzweg zwischen Lauter- und Wetterthal u. a. a. O.)

---

21. Familie: Hornstrauchgewächse.

71. Cornus, Hartriegel. (IV, 1.)

130. **C. sanguinea,** Gemeiner oder blutroter-H. ♄, 6—7. *Weiss.* In Gartenhecken und an Waldrändern häufig. Wetterauerkopf, Grenzweg zwischen Lauter- und Wetterthal.

131. **C. mascula**, Gelbblühender-H. oder Kornelkirsche. ♄, 3—4. *Gelb.* Blüht vor der Belaubung, Steinbeere *rot.* Im Schlossgarten, überhängend an dem Gombachsweg.

22. Familie: Nelkengewächse.

I. Kelch verwachsenblätterig.

72. Dianthus, Nelke. (X, 2.)

(Kelch am Grunde 2—5pfriemliche Hüllschuppen.)

132. **D. carthusionorum**, Karthäuser-N. ♃, 6—8. *Purpurrot.* Zwei bis sechs Blüten stehen kopf- oder büschelartig zusammen. An trockenen, grasigen Hügeln rundum häufig.

133. **D. deltoides**, Deltafleckige-N. ♃, 6—9. *Purpurrot* mit dunklerem Ring. Blüten meist einzeln, nicht kopfförmig gestellt. Am Stelzenberg an dem Fusspfad nach Gonterskirchen.

134. **D. prolifer**, Knopf-N. ⊙, 7—8. *Rosenrot.* Blüten in ein dichtes Köpfchen vereinigt und von einer Hülle sich deckender, häutiger Schuppen umgeben. Am Ramsberg, an dem Strassenhang hinter dem „Steinern Kreuz" bei Ruppertsburg.

73. Gypsophila, Gypskraut. (X, 2.)

(Kelch ohne Hüllschuppen.)

135. **G. muralis**, Mauer-G. ⊙, 8—9. *Blassrot.* Blüten einzeln. Rundum in feuchten Gräben. (Am Gombachsweg, Weg nach dem Tiergärtnerteich u. a. a. O.)

74. Silene, Leimkraut. (X, 3.)

136. **S. nutans**, Nickendes-L. ♃, 6—7. *Weiss.* Kelch röhrig, rispiger Blütenstand mit einseitig „nickenden" Zweigen. Pflanze nur „oberwärts" klebrig. An Wegrändern (städtische Ziegelhütte, Strasse nach Freienseen u. a. a O.) häufig.

137. **S. noctiflora**, Nachtblühende Klebnelke. ⊙, 8,9. *Rosa.* Kelch kegelförmig. Blütenstand aufrecht. Die ganze Pflanze klebrig-zottig. Wurde auf Schutthaufen bei Ruppertsburg gefunden. (Roth.)

138. **S. inflata**, Taubenkropf. ♃, 7—8. *Weiss.* Kelch aufgeblasen eiförmig. Nicht klebrig. An Strassenrändern nach Lauter und Grünberg zu, nicht häufig.

75. Lychnis, Lichtnelke. (X, 5.)

139. **L. flos cuculi**, Kukuks-L. ♃, 5—7. *Rosa.* Kronblatt vierspaltig, Blatt „lineal-lanzettlich." Häufig auf Wiesen.

140. **L. viscaria**, Pechnelke. ♃, 5—6. *Rot.* Kronblatt ungeteilt, Stengel unter den Knoten klebrig, Blatt lanzettlich. Findet sich im Roth'schen Herb. als „bei Laubach“ gefunden, ist jedenfalls sehr selten.

141. **L. diurna**, Tages-L. ♃, 5—6. Meist *rot*, selten *weiss*. Die ganze Pflanze zottig, Blatt elliptisch. Zwischen Gebüsch an den Ufern der Bäche (Steinbach, Eselskopf, um die Bingmühle) häufig.

142. **L. githago**, Korn-L. oder Kornraden. ⊙, 6—7. *Purpurrot.* Sehr häufiges Unkraut unter Getreide.

II. Kelch mehrblätterig.

76. Sagina, Mastkraut.

(IV, 4 oder X, 4 u. 5, oder V, 4 u. 5.)

143. **S. procumbens**, Liegendes-M. ⊙, 5—10. *Weiss.* Zartstengeliges, bis 4 cm hohes Kräutchen mit gegenständigen, pfriemlichen Blättern. Feuchte Gräben (Strassengräben am Hellenberg) und in Mauerritzen (Schlossmauer) häufig.

77. Spergula, Spark, (X, 5 oder V, 5.)

144. **Sp. arvensis**, Acker-Sp. ⊙, 5—10. *Weiss.* Blätter fadenförmig, quirlig-gebüschelt. Blüten langgestielt in endständiger gabelästiger Rispe, nach dem Verblühen abwärts gekrümmt.
Häufiges Unkraut unter Getreide. (Felder zwischen Wetter- und Horloffthal.)

78. Arenaria, Sandkraut.

(Meist X, 3 oder X, 2 oder VIII, 2 u. 3.)

145. **A. trinervis**, Dreinerviges-S. ⊙, 5—6. *Weiss.* Stengel verzweigt, schwach, niederliegend, bis 30 cm lang. Blätter eirund zugespitzt, zwei- bis fünfnervig, gegenständig.
In der Kisselsbach. (Mit Arum maculatum, Melica uniflora, Mercurialis perennis zusammen.)

146. **A. serpyllifolia**, Quendelblätteriges-S. ⊙, 7—8. *Weiss.* Blätter klein, eiförmig zugespitzt, gegenständig. Stengel aufrecht, gabelspaltig, bis 15 cm hoch. Auf allen Mauern häufig. (Schlossmauer.)

79. Lepigonum, Schuppenmiere.

(Meist X, 3 oder V, 3 u. 5.)

147. **L. rubrum**, Rote-Sch. ⊙, 5—10. *Rot.* Pflänzchen niederliegend oder aufstrebend, aus mehreren, von Grund an verzweigten Stengeln bestehend. Blätter schmal, beiderseits flach, Blüten kurz gestielt in gabelteiligen Trauben. Wurde im Kasinohof auf einer Exkursion gesammelt (1886), findet sich auch im Roth'schen Herb. als „bei Laubach“ gesammelt.

80. Holosteum, Spurre.

(Meist III, 3 oder X, 3 u. V, 3.)

148. **H. umbellatum**, Doldenblütige-Sp. ⊙, 4—5. *Weiss.* Blüten in endständiger Dolde. Blätter elliptisch, gegenständig. Unkraut auf Äckern. (Häufig im alten Gericht.)

81. Stellaria, Sternmiere.

(Meist X, 3 oder III, 3 u. V, 3.)

I. Stengel stielrund.

149. **St. media**, Vogelkraut oder Hühnerdarm. ⊙. *Weiss.* Fast das ganze Jahr hindurch blühend. Blüten klein, einzeln, Krone kürzer als der Kelch, Blatt eiförmig. An feuchten Stellen überall gemein.

150. **St. nemorum**, Hain-St. ♃, 6—7. *Weiss.* Krone doppelt so lang, wie der Kelch, Blüten in gabelteiliger Rispe. Blatt herzförmig. An der Horloff (beim Jägerhaus).

II. Stengel vierkantig.

151. **St. holostea**, Grossblumige-St. ♃, 4—5. *Weiss.* Krone „doppelt" so lang, wie der Kelch. Feuchte Waldstellen, Wegränder häufig. (Wildfrauberg, Strasse nach Freienseen u. a. a. O.)

152. **St. graminea**, Grasartige-St. ♃, 5—7. *Weiss.* Krone gleich mit dem Kelche. Blatt schmal, fast lineal, am Grunde am breitesten. Stengel ausgebreitet. An Weg- und Wiesenrändern nicht selten.

153. **St. uliginosa**, Sumpf-St. ♃, 6—7. *Weiss.* Krone kürzer als der Kelch. Grösste Blattbreite in der Mitte oder darüber, sonst der vorigen ähnlich.
An feuchten Wiesenstellen des Bürgelweges.

82. Cerastium, Hornkraut. (Meist X, 5 oder V, 5.)

154. **C. arvense**, Acker-H. ♃, 4—6. *Weiss.* Kronblatt etwa doppelt so lang, wie der Kelch. Blätter an dem untern Stengelteil büschelig stehend, lanzettlich. An Wegrändern häufig.

155. **C. vulgatum**, Gemeines-H. ⊙, ⊙ und ♃, 5—9. *Weiss.* Krone kaum so lang, wie der Kelch. Blätter eiförmig oder länglich. Auf Äckern gemein. (Gombach.)

156. **C. aquaticum**, Wasser-H. ♃, 6—8. *Weiss.* Krone um die Hälfte länger, als der Kelch. Die herzeiförmigen, gegenständigen Blätter werden bis 4 cm lang, wodurch die Pflanze vor den ihr ähnlichen (Stellaria nemorum) auffällt. An feuchten, schattigen Stellen. Um den früheren Obersee, an der Horloff (Jägerhaus, bei Ruppertsburg).

23. Familie: Nagelkrautgewächse.

83. Herniaria, Bruchkraut. (Meist V, 1 oder V, 2.)

157. **H. glabra**, Kahles-Br. ♃, 7—10. *Gelbgrün.* Blätter verkehrt eiförmig, gegenständig, in ihren Achseln stehen die Blüten knäuelig gehäuft (meist zehn). Am Ramsberg, an der Halde vor dem Steinbruch.

24. Familie: Knauelgewächse.

84. Scleranthus, Knauel.

(Meist X, 2, auch V, 2 und II, 2.)

158. **S. annuus**, Jähriger-Kn. ☉, 5—8. *Grün.* Perigon ohne weissen Rand. Häufiges Unkraut, unter Getreide.

159. **S. perennis**, Ausdauernder-Kn. ♃, 5—9. *Grün.* Perigon mit breitem, häutig-weissem Rand. An der Halde vor dem Ramsberger Steinbruch, zwischen Herniaria glabra.

25. Familie: Gänsefussgewächse.

85. Chenopodium, Gänsefuss. (V, 2.)

I. Blatt im Umriss dreieckig.

*Blatt ganzrandig, am Grunde spiessförmig.

160. **Ch. bonus Henricus**, Guter Heinrich. ♃, 5—8. *Grün.* „Blütenstand und Stengel mehlig bestäubt.“ An wüsten Plätzen und Mauern gemein.

**Blattrand gezähnt, Pflanze „rein grün,“ nicht mehlig bestäubt.

161. **Ch. hybridum**, Stechapfelblätteriger-G. ☉, 7—8. *Grün*, bis 1 m hoch. Blattgrund „herzförmig,“ Rispenäste „ausgesperrt.“ Unkraut auf Schutthaufen (an der Seilerbahn, am Grünberger Weg).

162. **Ch. murale**, Mauer-G. ☉, 7—9. *Grün.* bis $^1/_2$ m hoch. Blatt eirund, *blassgrün.* Stengel *gelblich* oder *rötlich*, Blütenrispe blattachselständig. An gleichen Orten, wie vorige.

163. **Ch. rubrum**, Roter-G. ☉, 7—9. *Grün.* Stengel bis 60 cm hoch, oft nebst den Blattnerven *rot.* Blatt rautenförmig-dreieckig, fast dreilappig, glänzend. Blütenstand „geknäuelt“ in den Blattachseln. Auf Schutthaufen nicht selten. (Schlossgarten.)

II. Blatt im Umriss ei- bis rautenförmig.

† Blatt auf der Unterseite mehlig weiss bestäubt.

164. **Ch. album**, Weisser- oder Gemeiner-G. ⊙, 7—9. *Grün.* Pflanze bis 60 cm hoch, aufrecht, *weiss* mehlig bestäubt, Blatt etwas ausgeschweift, Oberseite drüsenlos, *gelblich grün.* In Gärten und auf Schutthaufen gemeines Unkraut.

165. **Ch. glaucum**, Meergrüner-G. ⊙, 8—9. *Grün.* Aufrecht, bis 50 cm hoch. Blatt schmal eirund ausgeschweift, drüsig, Oberseite *grün.* In der Schäferei.

166. **Ch. vulvaria**, Stinkender-G. ⊙, 7—9. *Grün.* Stengel niederliegend oder aufsteigend, bis 30 cm lang, Blätter klein, gestielt, ganzrandig, beiderseits bestäubt, Blüten in dichten, achselständigen Trauben. (Pflanze hat Häringsgeruch.)
Wurde auf Erdhaufen der Schellenbachswiese gefunden.

†† Blatt beiderseits kahl, ganzrandig.

167. **Ch. polyspermum**, Vielsamiger-G. ⊙, 8—9. *Grün.* Niederliegend, starkverzweigt. Gemeines Unkraut an Strassen-, Weg- und Ackerrändern, ebenso an Zäunen.

86. **Amarantus**, Gemüse-Fuchsschwanz. (XXI, 5.)

168. **A. blitum**, Grüner-G. ⊙, 7—8. *Grün,* bis 30 cm hoch. Blatt ei-rautenförmig, oft gefleckt, blattwinkelständige Blüten geknäuelt, die endständigen zu einer blattlosen, dicken rispigen Ähre vereinigt.
Soll nach H. R. (Seite 312) bei L. vorkommen, findet sich auch im Roth'schen Herb. mit der Angabe „bei L.“, scheint indes völlig zu fehlen.

87. **Beta**, Runkelrübe. (V, 2.)

169. **B. vulgaris**, Gemeine-R. ⊙ und ⊙⊙, 6—8. *Grün.* Angebaut. Teils der Blätter halber, als sog. „Römischer Kohl,“ teils der Wurzel halber. Diese ist entweder dick-eiwalzenförmig (Dickrübe) oder dünner, weiss und hartfleischig (Zuckerrübe), oder innen und aussen dunkelrot (Rotrübe).

88. **Spinacia**, Spinat. (XXII, 4.)

170. **Sp. oleracea**, Gemeiner-Sp. ⊙ und ⊙⊙, 5—6. *Grün.* In den beiden Formen: Sommer- und Winterspinat häufig in Gärten gezogen.

89. **Atriplex**, Melde. (XXI, 5.)

171. **A. hortensis**, Garten-M. ⊙, 7—9. Bis $1^1/_2$ m hoch. Blatt dreieckig herzförmig, *gelblich-grün* oder *rot.* In Gärten angebaut.

172. **A. patula**, Ausgebreitete-M. ⊙, 7—9. Blatt etwas mehlig bereift, lanzettlich, die unteren spiessförmig gezahnt. Unkraut auf bebautem Land. (Auf Äckern am Weg nach der Bingmühle.)

---

26. Familie: Knöterichgewächse.

90. Rumex, Ampfer. (VI, 3.)

I. Alle Blätter spiessförmig.

173. **R. acetosella**, Kleiner- oder Feld-A. ♃, 5—7. Bis 30 cm hoch, häufig *rot* überlaufen. Blatt lanzettlich. Auf Wiesen und Grasplätzen gemein.

174. **R. acetosa**, Grosser- oder Gemeiner-A. ♃, 5—8. Bis 60 cm hoch. Blatt eiförmig. Mit 173 zusammen.

175. **R. scutatus**, Grauer- oder Französischer-A. ♃, 5—7. Bis 50 cm hoch. Blatt fast geigenförmig, *grau-grün*. Nur in Gärten angebaut.

II. Alle Blätter lineal-lanzettlich, in den Blattstiel verschmälert.

176. **R. palustris**, Schmalblätteriger- oder Goldgelber-A. ⊙, 7–8. *Goldgelb.* Am Tiergärtnerteich.

III. Alle Blätter länglich, lanzettlich oder eiförmig.

177. **R. crispus**, Krauser-A. ♃, 7—8. Blatt lanzettlich, am Rande wellig-kraus. Auf Wiesen und Graswegen häufig. (Kleine Helle.)

178. **R. patientia**, Ewiger- oder Englischer-Spinat. ♃, 7–8. Blatt eiförmig, nicht wellig. In Gärten angebaut.

IV. Untere Blätter langrund, oder am Grunde herzförmig.

† Blütenquirle blattlos (oder nur die unterste mit einem Blatt).

179. **R. nemorosus**, Wald-A. ♃, 7—8. Stark verzweigt, Blütenquirle entfernt stehend. Pflanze oft *rot* überlaufen. (R. sanguineus.) Auf Waldwegen rundum häufig.

180. **R. pratensis**, Wiesen-A. ♃, 7—8. Schwach verzweigt, Blütenquirle dicht stehend. An nassen Wiesengräben (Schlossgarten, am Neuhof bei Ruppertsburg u. a. a. O.).

181. **R. obtusifolius**, Stumpfblätteriger-A. ♃, 7—8. Der vorigen ähnlich, untere Blätter deutlich herzförmig (bei Nr. 179 und 180, mit kaum herzförmigem Grund). Auf Wiesen und an den Bächen häufig.

†† Alle Blütenquirle mit Deckblättern.

182. R. **conglomerata,** Geknäuelter-A. ♃, 7—8. Unterste Blätter herzeiförmig, die mittleren herzlanzettlich. An den Teichen im Schlossgarten, und in nassen Gräben.

91. Polygonum, Knöterich. (VIII, 1.)

I. Blütenstand eine einzelne Ähre.

183. P. **bistorta,** Wiesen-Kn. oder Natterwurz. ♃, 6—8. *Blassrot.* Stengel aufrecht. Auf feuchten Wiesen. An der Strasse nach Freienseen vor dem Walde (links), gegenüber der alten Ziegelhütte u. a. a. O.

184. P. **amphibium** (var. natans), Ortwechselnder-K. ♃, 7—8. *Rosa.* Stengel im Wasser flutend, Blätter schwimmend (selten zwei Ähren). Im Tiergärtnerteich.

II. Stengel ästig mit mehreren Ähren.

† Stengel liegend.

185. P. **aviculare,** Vogel-K- ⊙, 6—10. *Grün* oder *rötlich.* Gemeines Unkraut zwischen den Ritzen der Pflastersteine.

†† Stengel windend. Blätter breit, herz-pfeilförmig zugespitzt.

186. P. **convolvulus,** Winden-K. ⊙, 7—9. Perigon *grün,* weissberandet, auf dem Rücken nicht „geflügelt." Pflanze höchstens 1 m hoch. Häufiges Unkraut in Saatäckern. (Strasse nach Wetterfeld.)

187. P. **dumetorum,** Hecken-K. ⊙, 7—9. Der vorigen ähnlich, doch bis 2 m hoch, Perigon auf dem Rücken „geflügelt." In Hecken und Zäunen häufig. (Am alten Kirchhof u. a. a. O.)

††† Stengel aufrecht.

* Ähren „dicht" walzlich aufrecht (bei Nr. 190 hängend).

188. P. **lapathifolium,** Ampferblätteriger-K. ⊙, 7—9. *Rötlich* oder *grünlich weiss.* Blatt meist mit dunkelm Fleck, nebst der Tute kahl oder fast kahl, Stengel zuweilen mit dicken Knoten. In feuchten Gräben, auf feuchten aus Strassengräben ausgehobenen Erdhaufen. Häufig (Strasse nach Schotten und Wetterfeld).

189. P. **persicaria,** Pfirsichblätteriger-K. ⊙, 7—10. Im Aussehen der vorigen sehr ähnlich. „Tute rauhhaarig." An gleichen Orten mit der vorigen, gemein.

190. P. **orientale,** Orientalischer-K. ⊙, 7—10. *Purpurn.* Blätter gross oval. Zierpflanze aus Ostindien. An dem Ufer des Baches der Rennbahn verwildert, angepflanzt am Hainberg.

** Ähren locker fadenförmig, meist überhängend.

191. **P. hydropiper**, Wasserpfeffer. ⊙, 8—9. *Grünlich.* „Brennend scharf schmeckend." In feuchten Gräben. (Nach der städtischen Ziegelhütte hin, gegenüber dem „Steinern Kreuz" bei Ruppertsburg u. a. a. O.)

Eine Form von wässerigem Geschmack: Milder-K., **P. mite**, gilt vielfach als selbständige Art. An gleichen Orten mit Nr. 191.

192. **P. minus**, Kleiner-K. ⊙, 7—10. *Hellrot* oder *weiss.* In der Tracht der beiden vorigen, doch in allen Teilen kleiner, bis 30 cm hoch. In feuchten Gräben nach dem Tiergärtnerteich zu.

27. Familie: Malvengewächse.

92. Malva, Malve. (XVI, 5.)

193. **M. rotundifolia** (M. neglecta), Kleine Käse-M. ⊙ oder ♃, 7—9. *Rosa* oder *weiss.* Krone etwa doppelt so lang, wie der Kelch. An Wegen und auf Schutt gemein.

194. **M. silvestris**, Wilde- oder Ross-M. ♃, 7—9. *Hellpurpurn* mit dunkleren Streifen. Krone etwa viermal so lang, wie der Kelch. Auf der Helle, Süd-West-Abhang von Ruppertsburg u. a. a. O.

93. Tilia, Linde. (XIII, 1.)

195. **T. grandifolia.** Sommer-L. ♄, 6—7. *Gelb.* Blatt beiderseits *hellgrün,* auf der Unterseite kurz-hellhaarig, in den Nervenwinkeln *weisse* Haarbüschel. Häufig angepflanzt.

196. **T, parvifolia,** Winter-L. ♄, 6—7. *Gelb.* Blatt kleiner als bei Nr. 195, Unterseite kahl, *meergrün,* in den Nervenwinkeln *rostfarbige* Haarbüschel. Häufig angepflanzt.

28. Familie: Storchschnabelgewächse. (XVI, 2.)

94. Geranium, Storchschnabel.

(Blütenstiel zweiblütig.)

I. Krone etwa 2 cm im Durchmesser (Blatt gross, in fünf bis sieben Lappen handförmig geteilt).

197. **G. palustre,** Sumpf-St. ♃, 5—8. *Violett purpurn.* Blütenstiele mit drüsenlosen Haaren, Blatt und Stengel behaart. Im Schlossgarten, im obern Lauterthal (um die Bingmühle), vor der Zwillingsseife.

198. G. pratense, Wiesen-St. ♃, 6—7. Schön *blau*. Der vorigen ähnlich. Die Blütenstiele sind drüsig zottig. Auf Wiesen. (Auf der Helle.)

II. Krone höchstens 1 cm im Durchmesser.

† Untere Blätter höchstens bis zur Mitte in fünf bis sieben Lappen handförmig geteilt.

199. G. pusillum, Kleiner-St. ⊙, 5—9. *Blasslila*, Krone kaum den Kelch überragend. Auf bebautem Land, auf Wegen und an Zäunen häufig.

200. G. molle, Weicher-St. ⊙, 5—9. *Purpurrot*. Pflanze von kürzern weicheren und längern abstehenden Haaren bedeckt, grundständige Blätter zahlreich, kreisförmig langgestielt, sonst der vorigen ähnlich. Auf Wegen zwischen dem Schlossgarten und dem Stift.

†† Alle Blätter sind fast bis zum Grunde geteilt.

201. G. dissectum, Zerschlitztblätteriger-St. ⊙, 5—9. *Karminrot*. Bis 50 cm hoch. Krone gleich lang mit dem Kelche. Teilfrüchtchen und Schnabel drüsenhaarig. Auf bebautem Land und an Hecken häufig.

202. G. columbinum, Tauben-St. ⊙, 5—9. Bis 50 cm hoch. Dem vorigen ähnlich und an gleichen Standorten, Früchtchen und Schnabel ohne Drüsenhaare.

††† Die drei- bis fünfzähligen Blätter sind fiederspaltig.

203. G. Robertianum, Rupprechtskraut. ⊙, 6—10. *Rosenrot*. Pflanze oft rot überlaufen und unangenehm riechend. Auf Mauern hinter dem Schlossgarten, in dem Ramsberger Steinbruch.

95. Erodium, Reiherschnabel.

(Blüten in vielblütiger Dolde.)

204. E. cicutarium, Schierlingsblätteriger-R. ⊙, 3—10. *Purpurn*. Blatt gefiedert, Blättchen fiederspaltig. Unkraut auf Äckern. (Gombach, Weg nach dem roten Stahl.)

29. Familie: Sauerkleegewächse.

96. Oxalis, Sauerklee. (X, 5.)

205. O. acetosella, Gemeiner-S. oder Hasenklee. ♃, 6—8. *Weiss* mit *rötlichen* Streifen. Im Gebüsch (im Hain, am Schmelzpfädchen), in den Wäldern (Ramsberg, Eichberg u. a. a. O.) häufig.

206. O. stricta, Steifer-S. ⊙, 6—10. *Gelb*. Aus Amerika eingewandert. In Grabgärten, verwildert um die Bingmühle.

30. Familie: Springkrautgewächse.

97. **Impatiens**, Springkraut. (V, 1.)

207. **J. noli tangere**, Empfindliches-Sp. oder wilde Balsamine. ⊙, 7—8. *Gelb.* Hängende Blüten mit an der Spitze zurückgebogenem Sporn. Häufig an der Wetter, Horloff, Lauter und den Zuflüssen, namentlich innerhalb der Wälder. (Zwillingsseife, Eselskopf, oberes Lauterthal.)

31. Familie: Leingewächse.

98. **Linum**, Lein. (V, 5.)

208. **O. usitatissimum**, Gemeiner-L. oder Flachs. ⊙, 7—8. *Blau.* Angebaut.
209. **L. catharticum**, Wiesen-L. ⊙, 7—8. *Weiss.* Stengel fadenförmig, bis 15 cm hoch, oberwärts gabelästig, Blätter lanzettlich, gegenständig. Auf den Wiesen nach der Zwillingsseife zu häufig.

32. Familie: Wolfsmilchgewächse.

99. **Euphorbia**, Wolfsmilch. (XXI, 1.)

210. **E. helioscopia**, Sonnenwendige-W. ⊙, 5—9. *Grüngelb.* Dolde zwei- bis fünfstrahlig. Das Blatt verkehrt eiförmig, gegen die Spitze gesägt. Häufiges Unkraut, auf Wegen und Feldern.
211. **E. peplus**, Garten-W. ⊙, 7—11. *Grüngelb.* Dolde dreistrahlig. Blatt verkehrt eiförmig, ganzrandig. Gemeines Gartenunkraut.

100. **Mercurialis**, Bingelkraut. (XXII, 8.)

212. **M. perennis**, Ausdauerndes-B. ♃, 4—5. *Grün.* Blatt gestielt, eilanzettlich. Stengel einfach, stielrund. In der Kisselsbach.
213. **M. annua**, Jähriges-B. ⊙, 6—10. *Grün.* Stengel verzweigt, „vierkantig.“ Gemeines Gartenunkraut, wie auch ausserhalb von Gärten. (Am Ramsberg.)

33. Familie: Buchsbaumgewächse.

101. Buxus, Buchsbaum. (XXI, 4.)

214. **B. sempervirens**, Gemeiner-B. ♄, 3—4. *Weissgelb.* Immergrün. In Gartengebüsch und zu Wegeinfassung.

34. Familie: Wassersterngewächse.

102. Callitriche, Wasserstern. (XXI, 1.)

215. **C. aquatilis**, Gemeiner-W. ♃, 5—9. *Weisslich.* Im Wasser wurzelnd, oder in feuchten Gräben. Blätter verkehrt eioder linienförmig, die oberen Blätter rosettenartig gestellt. In den Zuflussgräben zum Tiergärtnerteich, an den Abflüssen aus dem früheren Obersee, in der Lauter bei dem Dorfe (am Übergang von Laubach kommend).

35. Familie: Rosskastaniengewächse.

103. Äsculus, Rosskastanie. (VII, 1.)

216. **Ä. hyppocastanum**, Gemeine-R. ♄, 4—5. *Weiss* mit *roten* Flecken. Fünf Kronblätter. Blätter fünf- bis siebenfingerig. Kapsel stachelig. Angepflanzt.

217. **Ä. pavia**, Rote Pavie. ♄, 5—6. *Schmutzigrot.* Vier Kronblätter. Blätter fünffingerig. Kapsel unbewehrt. Angepflanzt.

36. Familie: Ahorngewächse.

104. Acer, Ahorn. (VIII, 1.)

I. Trauben aufrecht.

218. **A. campestre**, Feld-A. oder Massholder. ♄, 5. *Grün.* Blatt handförmig fünflappig, ganzrandig, Flügel wagrecht abstehend. In Hecken und in Wäldern häufig.

219. **A. platanoides**, Spitz-A. ♄, 4—5. *Gelbgrün.* Blüht vor der Belaubung. Lappen der fingernervigen Blätter mit „haarspitzen“ Zähnen. An Strassen angepflanzt. (Strasse nach Schotten.)

II. Trauben hängend.

220. **A. pseudo-platanus**, Berg-A. ♄, 5—6. *Grün.* Lappen der fingernervigen Blätter am Rande stumpf und ungleich gesägt, Flügel emporstehend. An gleichen Orten mit Nr. 219.

37. Familie: Kreuzblumengewächse.

105. Polygala, Kreuzblume. (XVII, 3.)

221. **P. vulgaris,** Gemeine-K. ♃, 6—8. *Blau, hellrot* oder *weiss.* Die Blütentraube überragt die Deckblätter der obersten Blüten. Wiesen, Triften häufig. (Ramsberg, Tiergarten, lange Wiese.)

38. Familie: Celastergewächse.

106. Evonymus, Spindelbaum oder Pfaffenhütchen. (V, 1.)

222. **E. europäus,** Gemeiner-Sp. ♄, 5—6. *Blassgrün.* Blatt elliptisch-lanzettlich, fein gesägt, Äste vierkantig, glatt, vierkantige Kapsel *rosenrot.* In Hecken: Gombachsweg, Pfad von der Steinbach nach Gonterskirchen.

107. Staphylea, Pimpernuss. (V, 3.)

223. **S. pinnata,** Gemeine-P. ♄, 5—6. *Weisslich.* Blatt fünf- bis siebenpaarig gefiedert. Blüten traubig hängend, Kapsel „aufgeblasen." Aus Süd-Deutschland stammend. Angepflanzt (Schlossgarten).

39. Familie: Kreuzdorngewächse.

108. Rhamnus, Wegdorn. (V, 1.)

224. **R. frangula,** Pulverholz. ♄, 5—6. *Grünlich.* Blatt „ganzrandig." Als Unterholz in Wäldern häufig. (Zwillingsseife, Kaff.)
225. **R. cathartica,** Gemeiner-W. ♄, 5—6. *Grünlich.* Blattrand klein kerb-sägig. Scheint im Gebiet zu fehlen. (?)

40. Familie: Weinrebengewächse. (V, 1.)

109. Vitis, Weinstock.

226. **V. vinifera,** Edler-W. ♄, 6—7. *Gelblich grün.* An Häusern und Mauern angepflanzt.

110. Ampelopsis, Wilder-Wein.

227. **A. hederacea,** Epheuartiger-W. ♄ (klimmend) 6. *Grünlichweiss.* Zur Bekleidung von Mauern und Lauben, Blatt im September *rot* werdend.

41. Familie: Johanniskrautgewächse.

111. Hypericum, Johanniskraut. (XVIII, 1.)

I. Stengel ungeflügelt.

228. **H. perforatum**, Durchlöchertes-J. ♃, 7—8. *Gelb.* Stengel zweikantig. Blätter höchstens 1 cm lang, mit zahlreichen durchscheinenden Punkten. An Wegen gemein.

229. **H. quadrangulum**, Vierkantiges-J. ♃, 6—7. *Gelb.* Stengel vierkantig. Blätter grösser als bei Nr. 228, mit nur wenigen, aber grösseren durchsichtigen Punkten. An der Wetter im Eselskopf häufig.

230. **H. hirsutum**, Rauhes-J. ♃, 6—8. *Gelb.* Stark behaart, Blätter bis 2 cm lang, mit zahlreichen durchscheinenden Drüsenpunkten. An Waldrändern der Wetterauer Wiesen häufig.

II. Stengel mit vier hervortretenden Flügelkanten.

231. **H. tetrapterum**, Vierflügeliges-J. ♃, 7—8. Vierkantiger Stengel mit vier häutigen Flügeln, sonst Nr. 228 ähnlich. An der Wetter, im Grenzweg zwischen Lauter- und Wetterthal an feuchten Stellen.

42. Familie: Veilchengewächse.

112. Viola, Veilchen (V, 1)

I. Ein beblätterter Stengel fehlt,

232. **V. odorata.** Wohlriechendes- oder März-V. ♃, 3—4. *Dunkelviolett.* Wohlriechend. Mit langen Ausläufern. Blatt weichhaarig. (Strassendämme nach Wetterfeld, Schotten, Freienseen u. a. a. O.)

233. **V. hirta**, Rauhhaariges-V. ♃, 3—4. *Hellblau.* Geruchlos. Ohne Ausläufer. Blatt und Blattstiele kurz rauhhaarig. Strassenabhänge um das Jägerhaus, unter Gebüsch.

II. Ein deutlicher Stengel vorhanden.

234. **V. canina**, Hunds-V. ♃, 5—6. *Dunkelviolett* mit *gelblich weissem* Sporn. Wälder, Wiesen und Triften rundum häufig. Eine Form mit aufrechtem Stengel, langen schmalen Blättern (V. Ruppii) findet sich am sog. „Parrniederswäldchen."

235. **V. silvestris**, Wald-V. ♃, 3—4. *Blassviolett* mit gleich gefärbtem Sporn. An Waldwegen häufig. (Ramsberg.)

236. **V. tricolor**, Acker-V. oder Stiefmütterchen. ⊙, 5—10. *Blau* und *gelb* oder *weiss* und *gelb.* Auf Äckern häufig.

Als Zierpflanze in mannigfaltigen Formen unter dem Namen „Pensée" in Gärten.

43. Familie: Kreuzblüter. (XV, 1 u. 2.)

A. Frucht höchstens dreimal so lang als breit (Schötchenträger).

† Blüte *weiss* (zuerst *blassgelb* bei Alyssum.)

I. **Blütentragender Stengel beblättert.**

α. Schötchen „flach“ zusammengedrückt.

*Schötchen am Rande ungeflügelt (oder schmal geflügelt.)

113. Capsella, Hirtentäschchen.

237. **C. bursa pastoris**, Gemeines-H. ⊙, 3—10. Blätter schrotsägeförmig-fiederspaltig mit eiförmig-dreieckigen Zipfeln. Auf begrasten Wegen und als Gartenunkraut gemein.

114. Lepidium, Kresse.

238. **L. campestre**, Feld-K. ⊙, 5—8. Stengelständige umfassende Blätter länglich, gezahnt, weichhaarig. Auf Äckern um den Hessenbrückerhammer, nach Münster zu.

239. **L. ruderale**, Stink-K. ⊙ oder ⊙, 5—8, Übelriechend. Untere Blätter fiederspaltig, obere ungeteilt, nicht stengelumfassend. Im Kasinohof, sonst selten.

240. **L. sativum**, Garten-K. ⊙, 5—7. Aus dem Orient stammend. In Gärten angebaut.

**Schötchen breit geflügelt.

115. Thlaspi, Täschelkraut.

241. **Th. arvense**, Acker-T. ⊙, 4—10. Schötchen fast kreisrund. Stengelblätter länglich, meist buchtig gezahnt. Unkraut unter Getreide und in Gärten. Häufig.

β. Schötchen „kugelig.“

116. Cochlearia, Löffelkraut.

242. **C. officinalis**, Gebräuchliches-L. ⊙, 5—6. Obere Blätter stengelumfassend mit tief herzförmigem Grund. Angebaut in Gärten, und verwildert (Schlossgarten).

117. Armoracia, Meerrettig.

243. **A. rusticana**, Gebräuchlicher-M. ♃, 5—7. In Gärten häufig angebaut.

118. Alyssum, Steinkraut.

244. **A. calycinum**, Kelchfrüchtiges-St. ⊙, 4—9. Zuerst *blassschwefelgelb*, später *weiss*. Blätter lineal-spatelig. An der Strasse bei Wetterfeld, auf dem Laubacher Kirchhof.

II. Blütentragender Stengel blattlos (grundständige Blätter rosettenförmig.

119. Draba, Hungerblümchen.

245. **D. verna**, Frühlings-H. ⊙, 3—5. Unter Getreide gemein. (Gombach, Ziegelhütter Weg.)

†† Blüte *gelb*.

120. Camelina, Leindotter.

246. **C. sativa**, Gemeiner-L. ⊙, 6—7. 30 bis 60 cm hoch. Mittlere Stengelblätter lanzettlich, umfassend. Unkraut unter Flachs.

B. Frucht mehr als dreimal so lang, wie breit. (Schotenträger.

I. Blüten *weiss* (bei Dentaria und Cardamine auch *lila*.)

† Stengelständige Blätter einfach (ungeteilt).

121. Alliaria, Hederich.

247. **A. officinalis**, Knoblauchs-H. ⊙, 4—5. Bis 1 m hoch. Obere Blätter gestielt, herzförmig. (Das frisch zerriebene Kraut riecht knoblauchartig.) In Hecken und Gebüsch häufig.

122. Erysimum, Schotendotter.

248. **E. thalianum**, Thal's-Sch. ⊙, 4—6. Stengel einfach oder ästig mit länglich-lanzettlichen Blättern. Wurzelblätter rosettig. An gleichen Orten mit Draba verna.

123. Turritis, Turmkraut.

249. **T. glabra**, Kahles-T. ⊙, 6—7. *Gelblichweiss*, bis 1 m hoch. Wurzelblätter schrotsägig, Stengelblätter mit herz-pfeilförmiger Basis, stengelumfassend. Wälder und Abhänge um die Bingmühle und das Jägerhaus.

†† Stengelständige Blätter fiederteilig oder fiederspaltig.

Nasturtium officinale (siehe Nr. 263).

124. Cardamine, Schaumkraut.

Grundständige Blätter gefiedert.

I. Krone etwa dreimal so lang, wie der Kelch *(lila)*.

250. **C. pratensis**, Wiesen-Sch. ♃, 4—5. *Weiss* oder *lila*. Stengel stielrund, schwach gefurcht. Staubbeutel *gelb*. Auf Wiesen, gemein.

251. **C. amara**, Bitteres-Sch. ♃, 4—5. Stengel kantig, gefurcht. Staubbeutel *lila*. Sonst wie vorige und an gleichen Orten, namentlich an nassen Stellen.

II. Krone höchstens doppelt so lang, wie der Kelch *(weiss)*.

252. **C. impatiens**, Spring-Sch. ⊙, 5—7. Stark verzweigt. Blattstiel mit Öhrchen. Auf Waldwegen um die Friedrichshütte und Sorgenlos.

253. **C. hirsuta**, Rauhes-Sch. ⊙, 4—6. Verzweigt. Blattstiel ohne Öhrchen. Auf Waldwegen um das Jägerhaus.

Raphanus sativus (siehe R. raphanistrum Nr. 260).

125. Dentaria, Zahnwurz.

254. **D. bulbifera**, Zwiebeltragende-Z. ♃, 4—5. *Weiss* oder *blasslila*. Untere Blätter gefiedert, obere ungeteilt. In den Blattwinkeln abfallende, *braun-schwarze* Zwiebelchen, durch die die Pflanze sich vermehrt. Wagrechter *weisser*, fleischiger Wurzelstock mit zahnähnlichen Schuppen. In den Buchenwaldungen nicht selten. (Häufig um den Hausplatz.)

II. Blüten *gelb*.

† Blatt „leyerförmig" mit sehr grossen Endlappen.

126. Brassica, Kohl und Senf.

Griffel viel länger, als die Schotenbreite.
Schote „nicht eingeschnürt."

* Obere Blätter mit herzförmiger, stengelumfassender Basis.

255. **B. rapa**, Rübenkohl. ⊙ und ⊙, 4—5 oder 8. Die offenen Blüten überragen die Knospen. Kelch zuletzt wagrecht abstehend, untere Blätter *grasgrün*, obere ganzrandig.

In folgenden Abarten angebaut:

a. der ölhaltigen Samen halber: { 1. Sommerrübsen (oder Samen) ⊙; 2. Winterrübsen (oder Wintersamen) ⊙.
b. der fleischigen Wurzel wegen: Weisse Rübe. ⊙.

256. **B. napus**, Raps. ⊙ oder ⊙, 4—6. Die Blütenknospen überragen die offenen Blüten, untere Blätter *meergrün;* oberen ungleich gesägt.

In folgenden Abarten angebaut:

a. der ölhaltigen Samen halber (selten): { Sommerraps. ⊙. Winterraps, ⊙.
b. der fleischigen Wurzel wegen: Unterirdische Kohlrabi. ⊙.

** Obere Blätter weder herzförmig noch stengelumfassend.

257. **B. oleracea**, Gartenkohl. ⊙, 5—6. Kelch aufrecht anliegend, Blatt kahl.

In folgenden Abarten angebaut:

a. Der Blätter halber: 1. Weisskraut, 2. Rotkraut. 3. Wirsing. 4. Rosenkohl. (Kopf bildend.) 5. Braunkohl (ohne K.)
b. Des verdickten Blütenstandes halber: 6. Blumenkohl.
c. Des verdickten Stengels halber: 7. Oberirdische Kohlrabi.

258. **B. sinapistrum** (Sinapis arvensis,) Ackersenf. ⊙, 6—7. Blatt mit kurzen Haaren besetzt. Kelch wagrecht abstehend. Ackerunkraut unter der Saat.

127. Barbaräa, Winterkresse.

(Griffellänge der Schotenbreite gleich.)

259. **B. vulgaris,** Gemeine-W. ⊙, 5—7. Schote zwischen 2 und 6 cm lang. Stengelblätter pfeilförmig, sitzend. Traube in der Blütezeit dicht. An feuchten Orten, in Wassergräben. (An der Horloff bei Ruppertsburg.)

128. Raphanus, Rettig.

(Schote durch Quereinschnürungen gegliedert.)

260. **R. raphanistrum,** Acker-R. ⊙, 6—8. *Gelb* oder *weisslich violett* geadert. Blatt rauhhaarig. Kelch aufrecht (Unterschied gegen Nr. 258). Ackerunkraut. (Auf Äckern zwischen Wetter- und Horloffthal.)

Als Abart gilt (nach Herrn Professor Hoffmann in Giessen): **R. sativus** ⊙, *violett* oder *weiss,* Gartenrettich, *grau-schwarze* Wurzel, und das Radieschen, *rote* Wurzel.

†† Blatt einfach- oder wiederholt fiederspaltig.

129. Sisymbrium, Rauke.

261. **S. officinale,** Gebräuchliche-R. ⊙, 6—8. Blatt schrotsägig fiederteilig. An Wegen (beim Gasthaus zur Traube, an der Schäferei u. a. a. O.) gemein.

262. **S. sophia,** Feinblätterige-R. ⊙, 5—9. Blatt zwei- bis dreifach fiederteilig mit schmalen Zipfeln. Scheint im Wetterthal zu fehlen, dagegen häufig um Ruppertsburg. (Süd-West-Abhang.)

130. Nasturtium, Brunnenkresse.

(Die Schoten sind „kürzer" als 2 cm. Meist an feuchten Orten.)

** Blüten *weiss.*

263. **N. officinale,** Gebräuchliche-B. ♃, 5—9. Blätter gefiedert, obere fünf- bis siebenpaarig, Stengel kriechend oder schwimmend. Schoten etwa 1,5 cm lang. In fliessendem Wasser (Rennbahn), an feuchten Stellen (Seilerbahn).

** Blüten *gelb*.

264. **N. palustre**, Sumpf-B. ⊙ und ⊙, 6—7. Untere Blätter leyerförmig-fiederspaltig. Kronblätter kaum so lang als der Kelch. Schote etwa 0,5 cm lang. An feuchten Stellen und in Gräben. (Um den früheren Obersee, am Tiergärtnerteich.)
265. **N. silvestre**, Land-B. ♃, 6—10. Blätter fiederteilig. Krone beinah doppelt so lang, wie der Kelch. Schote etwa 1,5 cm lang. Auf feuchten Wiesen und in Wassergräben, häufig.
266. **N. amphibium**, Veränderliche-B. ♃, 5—7. Blätter gesägt- bis fiederspaltig, gross, die im Wasser untergetauchten kamm- oder borstenförmig, Kronblätter länger, als der Kelch. Die „gerade“ Schote nur etwa $^1/_3$ cm lang. An Wassergräben und Teichen. (Häufig um die Bingmühle, an der Horloff um die Friedrichshütte.)

44. Familie: Erdrauchgewächse. (XVII, 2.)

131. Corydalis, Lerchensporn.

267. **C. solida**, Dichtknolliger-L. ♃, 3—5. *Trübpurpurn* oder *weiss*. Knolle nicht hohl. Deckblatt fingerig gespalten. Bei L. selten, nur am Bürgelweg (unterhalb des Kirchhofes). Dagegen häufig an Gartenzäunen bei Ruppertsburg, Röthches, Grünberg.
268. **C. cava**, Gemeiner-L. ♃, 3—5. *Trübpurpurn* oder *gelblich weiss*. Knolle zur Blütezeit hohl. Deckblatt ganzrandig. Scheint bei L. ganz zu fehlen, findet sich dagegen an den anderen Standorten mit Nr. 267 zusammen.

132. Fumaria, Erdrauch.

269. **F. officinalis**, Gemeiner-E. ⊙, 5—10. *Hellrot*, an der Spitze *dunkelrot*. Auf Feldern und in Gärten gemeines Unkraut.

45. Familie: Mohngewächse. (XIII, 1.)

133. Papaver, Mohn.

270. **P. rhöas**, Klatschrose. ⊙, 5—7. Krone *scharlachrot*, am Grunde mit dunklem Fleck. Unkraut unter der Saat und in Kleefeldern. Nicht gerade gemein im Gebiet.
271. **P. somniferum**, Schlaf- oder Garten-M. ⊙, 7—8. Krone *rosa* bis *violett*, oder fast *weiss*. In Gärten gezogen, hie und da auf Äckern gebaut.

134. **Chelidonium,** Schöllkraut.

272. **Ch. majus,** Gemeines-Sch. ♃, 5—9. *Gelb.* Blüten doldig. Blatt buchtig-fiederteilig. Pflanze mit gelbem Milchsaft. An Hecken und auf Schutt gemein.

---

46. Familie: Wasserrosen.

---

135. **Nymphäa,** Seerose. (XIII, 1.)

273. **N. alba,** Weisse-S. ♃, 6—9. *Weiss.* Im Tiergärtnerteich, im Schwanenteich.

136. **Nuphar,** Teichrose oder Nixblume. (XIII, 1.)

274. **N. luteum,** Gelbe-T. ♃, 6—8. *Gelb.* Angenehm riechend. An gleichen Orten mit Nr. 273.

---

47. Familie: Hahnenfussgewächse. (XIII, 2—3.)

---

137. **Clematis,** Waldrebe.

Langgeschwänzter Griffel, Kelch blumenkronartig.

275. **C. vitalba,** Gemeine-W. ♄, 6—7. *Weiss.* Blüten in Trugdolden. Kletternd. Blatt einfach gefiedert. Nicht wild im Gebiet. Hie und da zur Bekleidung von Lauben angepflanzt. (Forstgarten bei Freienseen.)

138. **Anemone,** Windröschen.

Kelch blumenkronartig, Krone fehlt.

† Früchtchen ungeschwänzt.

276. **A. nemorosa,** Busch-W. ♃, 4—5. *Weiss* oder oft *rötlich.* In Gebüsch und in den Waldungen gemein.

277. **A. ranunculoides,** Hahnenfussartiges-W. ♃, 4—5. *Gelb.* Nicht so häufig, als vorige. Findet sich: Nördlich von der Zwillingsseife, in der Einfirste, um Sorgenlos, im Wintersberg u. a. a. O.

†† Früchtchen langgeschwänzt.

278. **A. pulsatilla,** Gemeine-Küchenschelle. ♃, 4—5. *Violett.* Nur an „einer“ Stelle im Gebiete. (Bei Nonnenroth am Steinbruch.)

139. **Adonis,** Teufelsauge oder Adonisröschen.

279. **A. ästivalis,** Blutauge oder Sommer-A. ⊙, 5—7. *Schwefelgelb* bis *gelbrot,* am Grunde *schwarz.* Krone ausgebreitet. Blätter dreifachfiederteilig. Unter Getreide (Gombach).

140. **Myosurus**, Mäuseschwänzchen. (Auch V, 6.)

280. **M. minimus**, Kleinstes-M. ⊙, 5—9. *Gelblich grün.* Grundständige Blätter schmal, Schaft einblütig. Häufiges Unkraut unter Getreide. (Gombach, am Ramsberg, Weg nach der alten Ziegelhütte, nach dem Tiergärtnerteich u. a. a. O.)

141. **Ranunculus**, Hahnenfuss.

I. Blüte *gelb.* **(Landpflanzen).**

† Blatt ungeteilt.

281. **R. flammula**, Brennender-H. ♃, 5—9. *Hellgelb.* Blatt elliptisch bis lanzettlich. Blüte etwa 1 cm gross. In Wiesengräben häufig. (Nach dem Tiergärtnerteich hin.)

282. **R. ficaria**, Feigwurz. ♃, 3—5. Zahlreiche längliche Knollen an der Wurzel, die nach der Blütezeit mild schmecken und geniessbar sind. Blatt herzeirund. Ein gemeines Unkraut auf Wiesen um L.

†† Blätter mehrspaltig geteilt.

* Blütenstiel rund (nicht gefurcht).

283. **R. auricomus**, Goldhaariger-H. ♃, 5. Prächtig *goldgelb.* Bis 40 cm hoch. Wurzelblätter nicht tief eingeschnitten, Früchtchen sammthaarig. Auf Wiesen häufig.

284. **R. acris**, Scharfer-H. ♃, 5—7. Bis 1 m hoch. Wurzel- und Stengelblätter tief eingeschnitten (in drei bis sieben Teile). Früchtchen kahl. Auf Wiesen und Waldwegen gemeinste Art.

285. **R. lanuginosus**, Wolliger-H. ♃, 5—8. Der vorigen in Grösse und Form ähnlich, doch ist der Stengel „rauhhaarig." Auf Waldwegen nicht selten.

286. **R. arvensis**, Acker-H. ⊙, 5—7. *Hellgelb.* Früchtchen igelstachelig, wodurch die Pflanze leicht kenntlich ist. Unkraut auf Äckern um den früheren Obersee. (Schäferei.)

** Blütenstiel gefurcht.

α. Kelch zurückgeschlagen.

287. **R. bulbosus**, Knolliger-H. ♃, 5—7. Blüten gross. Stengel am Grunde knollig verdickt. Wege und Triften häufig. (Ramsberg, Ringelsberg.)

288. **R. sceleratus**, Gift-H. ⊙, 6—9. Blüten klein. Stengel nicht verdickt. Fruchtköpfchen walzlich. (Findet sich im Solms'schen Herb., doch ohne genaue Standortsangabe, wurde auf Exkursionen noch nicht im Gebiete gesammelt.)

β. Kelch nur wenig abstehend (nicht zurückgeschlagen).

289. **R. repens**, Kriechender-H. ♃, 5—8. Stengel mit kriechenden Ausläufern. An feuchten Gräben und als Gartenunkraut gemein.

290. **R. polyanthemos**, Vielblütiger-H. ♃, 5—7. Ohne Ausläufer. (Ähnlich Nr. 284.) Hat zwischen den Blattabschnitten weisse, schwielenartige Flecken. An Waldrändern nicht selten.

II. Blüten *weiss* **(Wasserpflanzen).**

291. **R. aquatilis**, Wasser-H. ♃, 6—8. Hat zweierlei Blätter. Schwimmende Blätter nierenförmig, gelappt, die untergetauchten borstenförmig. In allen Bächen und manchen Teichen (Froschloch) des Gebietes.

292. **R. fluitans**, Flutender-H. ♃, 6—8. Alle Blätter untergetaucht von einerlei Form mit langen borstenförmigen, gleichlaufenden Zipfeln. In der Wetter.

142. Caltha, Dotterblume.

293. **C. palustris**, Sumpf-D. ♃, 4—6. *Gelb.* Kelch blumenkronartig, Krone fehlt. Blätter herzförmig-kreisrund. An Wassergräben häufig. (An der Freienseener Brücke.)

143. Trollius, Trollblume.

294. **T. europäus**, Europäische-T. ♃, 5—7. Kelchblätter blumenkronartig, *hellgelb*, kugelig zusammengeneigt. Auf Wiesen des Wetter- und Seenthales. (Geisenwiese, um die Schreinersmühle häufig.)

144. Helleborus, Niesswurz.

295. **H. viridis**, Grüne-N. ♃, 3—4. *Grünlich*, überhängend. Stengel beblättert. Blätter fussförmig. Soll früher in der sog. „Laubach“ (an Zäunen der Weiberwiese) vorgekommen sein, und findet sich von diesen Standorten in den Herbarien. Fehlt jedoch seit den letzten Jahren.

145. Aquilegia, Akelei.

296. **A. vulgaris**, Gemeine-A. ♃. 5—7. *Blau*, *violett* oder *weiss*. Die fünf trichterförmigen Blumenblätter unten gespornt. Waldränder der Wiesen um das Jägerhaus (Halgarten, obere Hegbrücke), im Eichberg, in der Steinbach.

146. Delphinium, Rittersporn.

297. **D. consolida**, Feld-R. ⊙, 6—8. Meist *blau*, doch auch *purpurn*, *weiss* und *rot*. Kronblätter am Grunde in ein gesporntes Blatt verwachsen. Unkraut in der Saat. (Laubacher und Ruppertsburger Gemarkung.)

147. **Actäa**, Christophskraut.

298. **A. spicata**, Ährenblütiges-Ch. ♃, 4—7. *Weiss* oder *gelblich weiss*. Blatt doppelt und dreifach-fiederteilig, Beeren glänzend-*schwarz*. An der Bingmühle, an der Sträuchesmühle, im Wetterauer Kopf, dicht an der Wetterquelle.

---

48. Familie: Berberitzengewächse.

148. **Berberis**, Berberitze oder Sauerdorn. (VI, 1.)

299. **B. vulgaris**, Gemeiner-S. ♄, 5—6. *Gelb*. Hängende Trauben, Beeren *rot*. Pflanze mit drei- bis fünfteiligen Dornen (umgebildete Blätter) besetzt. In Hecken: Zugang zum Ramsberg von der Schäferei aus, an der Wetter auf der Helle.

Nicht einheimische.

Ein der Berberitze verwandter, aus Nord-Amerika stammender, niedriger Strauch:

300. **B. aquifolium (Mahonia aquifolium)**, Hülsenblätterige Mahonie, findet sich seiner immergrünen, lederartigen Blätter halber vielfach in Gärten angepflanzt. Die *gelben*, in dichten Sträussen stehenden Blüten erscheinen schon im April. Die Beeren sind *schwarz*, blau bereift.

149. (301.) **Liriodendron tulipifera**, Virginischer Tulpenbaum. Mit tulpenförmigen Blüten und dreilappigen Blättern, deren Mittellappen abgestutzt ist. Ein hoher, hübscher Baum findet sich im Schlosshof, alljährlich blühend. (Familie: Magnoliengewächse XIII, 6.)

---

49. Familie: Weiden.

150. **Salix**, Weide. (XXII, 2.)

Erste Gruppe.

(Weiblicher Stock): Kätzchen gleichzeitig mit den Laubblättern, deutlich gestielt. Kätzchenschuppen gleichmässig *gelbgrün*. (Männlicher Stock): Antheren vor und nach der Blütezeit *gelb*. (Bei beiden): Blätter lanzettlich, lang zugespitzt, fein gesägt, ganz kahl (mit Ausnahme von Salix alba).

† Bruchweiden. Kätzchenschuppen fallen nach der Blütezeit ab, Zweige leicht an der Basis brechend.

302. S. alba, Weisse-gemeine- oder Silber-W. ♄ und ♄, 4—5. (Kopfweide.) Blätter beiderseits anliegend, seidenhaarig. Angepflanzt im Forstgarten zu Freienseen.

Eine Abart mit dottergelben Zweigen: S. vitellina, Dotterweide, findet sich an der Wetter (Geisenwiese).

303. S. fragilis, Bruch-W. ♄ uud ♄, 4—5. Sägezähne einwärts gebogen. Blattoberseite glänzend, Unterseite *blassgrün*. Adernetz undeutlich. Am Schwanenteich, an der Horloff. Angepflanzt im Forstgarten zu Freienseen.

†† Mandelweiden. Kätzchenschuppen bis nach der Fruchtreife bleibend.

304. S. amygdalina, Mandelblätterige-W. ♄ und ♄, 4—5. (Ähnlich Nr. 303.) Blattunterseite matt. Dunkle Adern mit deutlichem Adernetz. Zweige aufrecht. An der Horloff.

Eine an der Wetter und Horloff gemeine Form ist: S. triandra, Dreimännige-W., mit *grasgrüner* Blattunterseite.

305. S. babylonica, Trauer-W. ♄, 4—5. Zweige hängend, Blatt oberseits *grün*, unterseits *graugrün*. Angepflanzt (auf dem Kirchhof).

Zweite Gruppe.

(Weiblicher Stock): Kätzchen sitzend, „vor" den Laubblättern. Schuppen ganz oder nur an der Spitze *schwarz*.

† Purpurweiden. (Männlicher Stock.) Antheren vor dem Öffnen *rot*, nach dem Verblühen *schwarz*. (Bei beiden:) Blätter schmal lanzettlich, klein gesägt, kahl, innere Rindenfläche im Sommer *zitronengelb*.

306. S. purpurea, Purpur-W., niedriger ♄, 3—4. Mit dünnen Zweigen. Oberhalb des früheren Obersee's, an der Horloffbrücke bei Ruppertsburg.

Eine grössere Form mit aufrechten Zweigen, S. helix, findet sich an der Horloff, dicht bei der Friedrichshütte.

†† Antheren vor und nach der Blüte *gelb*, beide Blattseiten, oder doch die Unterseite *weissfilzig*, innere Rindenfläche *grünlich*.

* Korbweiden. Blatt schmal lanzettlich, Rand ganz, umgerollt, unterseits seidenhaarig.

307. S. viminalis, Gemeine Band- oder Korb-W. ♄, 4—5. An den Ufern der Bäche, und angebaut.

** Salweiden. Blatt elliptisch, eiförmig oder verkehrt eiförmig.

308. S. caprea, Gemeine-S. ♄ und ♄, 3—4. Blatt eirund, oben kahl, unterseits filzig (bis 10 cm lang und 5 cm breit), am Rande wellig. Fruchtknotenstiel vier- bis sechsmal so lang,

wie die an seinem Grunde befindliche Drüse. Von allen Weiden zuerst blühend. Häufig an den Ufern der Bäche und unter jungen Laubholzbeständen.

309. S. **cinerea**, Aschgraue-W. ♄, 4. Blatt lanzettlich bis eirund (bis 8 cm lang und 2,5 cm breit), oben behaart, unterseits filzig. Zweige und Knospen grauflaumig. Fruchtknotenstiel etwa doppelt so lang, wie seine Drüse. An der Lauter, der Wetter und Horloff (Ruppertsburg).

310. S. **aurita**, Ohr-W. ♄, 4—5. Blatt elliptisch (bis 3,5 cm lang und 2,5 cm breit), oberseits kurzflaumig, unterseits rauhfilzig. Nebenblätter am Grunde des Blattstieles gross, nierenförmig und dauernd. Zweige *rotbraun*. Fruchtknotenstiel etwa zwei- bis viermal so lang, wie seine Drüse. An Waldrändern: Einfirste, an der Strasse nach Schotten im Graben (links).

151. Populus, Pappel. (XXII, 8.)

I. Blattspreite fast kreisrund, oder rundlich herzförmig.

311. P. **tremula**, Zitter-P. oder Espe, oder Aspe. ♄ und ♄, 3—4. Rand buchtig gezahnt. Blattstiel seitlich zusammengedrückt. Blattspreite kreisrund. In den Laubwäldern nicht selten. (Ramsberg.)

312. P. **alba**, Silber-P. ♄, 3—4. Blatt rundlich-herzförmig, unterseits samt Zweigen und Knospen weissfilzig. Zerstreut in den Waldungen. Schulmeisterpfad nach Gonterskirchen in der Nähe des sog. Kohlweges (Friedrich, Graf zu Solms).

II. Blattspreite rautenförmig.

313. P. **pyramidalis**, Italienische- oder Pyramiden-P. ♄, 3—4. Äste angedrückt, aufrecht. An Strassen: bei Wetterfeld, am Hellenberg. Im Schlossgarten.

III. Blattspreite dreieckig-eiförmig.

314. P. **nigra**, Schwarz-P. ♄, 4—5. Äste abstehend, eine breite Krone bildend. Hie und da angepflanzt. (An der Brauerei.)

---

50. Familie: Becherfrüchtler. (XXI, 5.)

152. Fagus, Buche.

315. F. **silvatica**, Gemeine-B. oder Rot-B. ♄, 4—5. Blatt ganzrandig, in der Knospenlage gerollt, Rinde glatt, silbergrau, männlicher Blütenstand eine Quaste bildend. Der häufigste Waldbaum.

Eine Abart: Die Blutbuche, mit *blutroten* Blättern findet sich häufiger in hiesigen Gärten.

153. Castanea, Kastanie.

316. **C. vesca**, Edel-K. ♄, 6. Stachelspitzig gesägte Blätter bis 16 cm lang und 5 cm breit. Sehr selten im Gebiet. Ein Exemplar findet sich im Pfarrgarten zu Gonterskirchen.

154. Quercus, Eiche.

317. **Q. pedunculata**, Stiel- oder Sommer-E. ♄, 5. Frucht langgestielt (bis 5 cm lang), Blätter kaum gestielt (fast sitzend). Äste meist wagrecht abstehend, hin und her gebogen. Häufiger Waldbaum. (Ramsberg.)
318. **Q. sessiliflora**, Stein- oder Winter-E. ♄, 5. Fruchtstiel etwa 1 cm lang (kurz gestielt), ebenso lang etwa der Blattstiel (lang gestielt). Äste mehr aufrecht. Seltener Waldbaum. (Strasse nach dem Jägerhaus.)

Von ausländischen Arten sind in den Wäldern hie und da angepflanzt:

319. **Q. phellos**, Weidenblätterige-E. Blätter ähnlich denen der Weide. An der Engelsburg.
320. **Q. rubra**, Rote-E. Lappen der eiförmig rundlichen Blätter in eine spitze Borste auslaufend. Im Herbste werden die Blätter vor dem Abfallen rot. An der Engelsburg, auf der „langen Wiese," im Schlossgarten.
321. **Q. palustris**, Sumpf-E. Blatt verlängert-eiförmig, grösste Breite etwas oberhalb der Mitte, Basis keilförmig in den deutlichen Blattstiel verlaufend, seicht gebuchtet. An der Engelsburg.
322. **Q. prinos** (p r i n o s bedeutet *immergrün*). Die Pflanze ist indes nur *sommergrün*, stammt aus Nord-Amerika und findet sich im Garten bei dem Jägerhause.

155. Corylus, Haselnuss.

323. **C. avellana**, Gemeine-H. ♄, 2—3 (auch 11 u. 12). Fruchtbecher glockig offenstehend. Hecken um Laubach. (Häufig an der Horloff um das Jägerhaus.)
324. **C. tubulosa**, Blutnuss oder Lamberts-H. ♄, 2—3. Fruchtbecher über der Nuss zusammenschliessend, Samenhaut *rot*. In Gärten häufig angebaut.

156. Carpinus, Hainbuche.

325. **C. betulus**, Gemeine-H. oder Weissbuche. ♄, 4—5. Blatt doppelt gesägt, in der Knospenlage gefaltet, Stamm scheinbar mit muskulösen Längswülsten bedeckt, männlicher Blütenstand ein Kätzchen. Untermischt mit der Rotbuche (vereinzelt oder in kleineren Gruppen, z. B. Ramsberg) oder als Randbaum.

51. Familie: Birkengewächse. (XXI, 5.)

157. Betula, Birke.

326. **B. alba**, Weiss- oder Mai-B. ♄, 5—6. Nur noch sehr vereinzelt in den Waldungen, aber nicht selten.

158. Alnus, Erle, oder Eller.

327. **A. glutinosa**, Gemeine-E. oder Schwarze-E. ♄ und ♄, 2—3. Blätter kahl, in der Jugend klebrig, ungleich gesägt, mit abgestutzter Spitze. An der Wetter, Horloff, Lauter und deren Zuflüssen, häufig.

328. **A. incana**, Grau-E. oder Weiss-E. ♄ und ♄, 2—3. Blatt behaart, nicht klebrig, doppelt gesägt, eiförmig zugespitzt, Rinde *silbergrau* glänzend. An der Wetter (unterhalb des Eselskopfes), im Wildfrauberg.

52. Familie: Wallnussbäume.

159. Juglans, Wallnussbaum. (XXI, 5.)

329. **J. regia**, Nussbaum. ♄, 5. Blatt unpaarig gefiedert. Trägt selten Früchte und der ihm sonst eigne üppig freudige Wuchs fehlt ihm im Gebiet. Am Ramsberg, am Hellenberg.

53. Familie: Platanengewächse.

160. Platanus, Platane. (XXI, 5.)

330. **P. occidentalis**, Amerikanische-Pl. ♄, 4—5. Aus Amerika stammend. Das handförmige Blatt ist schwach gelappt, Blattstiele *braun*. Die Borke löst sich in kleinen Schuppen ab. In Gärten und an Strassen angepflanzt.

54. Familie: Ulmengewächse.

161. Ulmus, Rüster oder Ulme. (V, 2.)

331. **U. campestris**, Feld-R. ♄, 3—4. Frucht am Rande kahl, Blüten fast sitzend, eiförmige Blätter kurz zugespitzt. Am Ramsberg angepflanzt, ebenso an der Strasse nach Schotten u. a. a. O.

Als Abart (Art) gilt:

332. U. **montana**, Berg-R. ♄, 3—4, mit „lang" zugespitzten, eiförmigen Blättern, sonst der vorigen gleich. Am Wege nach dem Ramsberg angepflanzt, im Thomasbügel (Friedrich Graf zu Solms).

333. U. **effusa**, Flatter- oder Trauben-R. ♄, 3—4. Frucht am Rande weichhaarig bewimpert, Blüten gestielt. Weg nach dem Ramsberg, vereinzelt in den Waldungen.

55. Familie: Hanfgewächse. (XXII, 5.)

162. Cannabis, Hanf.

334. C. **sativa**, Gemeiner-H. ⊙, 7—8. War einige Jahre hindurch in dem Garten des Herrn Medizinalrates Dr. Köhler angepflanzt, wurde bis 3 m hoch und reifte Früchte.

163. Humulus, Hopfen.

335. H. **lupulus**, Gemeiner-H. ♃, 7—9. Rechts windend. Nicht im Gebiet angebaut, dagegen wild in Hecken um Laubach und an den Bächen. (Gombachsweg, an der Seilerbahn, in der Steinbach u. a. a. O.)

56. Familie: Nesselgewächse.

164. Urtica, Brennnessel. (XXI, 4.)

336. U. **urens**, Kleine-B. ⊙, 7—9. *Grün*. Rispe kürzer, als der aufrechte Blattstiel, Blatt eiförmig, Pflanze bis 60 cm hoch. Auf Schutt und in Gärten häufig.

337. U. **dioïca**, Grosse-B. ♃, 7—9. *Grün*. Rispe länger als der hängende Blattstiel, Blatt eiförmig, Basis herzförmig. Pflanze bis 1 m hoch. An Wegen und Zäunen häufig.

Zweite Unterklasse:

Verwachsenblumenblätterige.

57. Familie: Ohnblattartige Gewächse.

165. Monotropa, Ohnblatt. (X, 1.)

338. **M. hypopytis**, Schmeerwurz oder Fichtenspargel. ♃, 7—8. Pflanze und Blüte *gelblichweiss*, endständige Traube reichblütig, Stengel beschuppt, auf Buchenwurzeln schmarotzend. (Im Walde vor der Wannwiese, auf dem linken Horloffufer u. a. a. O.)

58. Familie: Wintergrüngewächse.

166. Pirola, Wintergrün. (X, 1.)

I. Eine einzelne, endständige Blüte.

339. **P. uniflora**, Einblütiges-W. ♃, 6—7. *Weiss*. Beim Aufgang zur Einfirste, nach der Bingmühle links (unter Nadelholz).

II. Blütenstand eine einseits wendige Traube.

340. **P. secunda**, Einseitsblütiges-W. ♃, 5—7. *Grünlichweiss*. In den Buchenwaldungen. (Pfad nach Freienseen, nordwestliche Abdachung.)

III. Blütenstand allseitswendig.

341. **P. rotundifolia**, Rundblätteriges-W. ♃, 5—7. *Weiss*. Blattstiel sehr lang, Griffel gebogen, aus der fünffächerigen Kapsel weit hervortretend. Häufig unter Buchen. (Um die Zwillingsseife.)

342. **P. minor**, Kleines-W. ♃. 6—7. *Weiss* oder *rot*. Blattstiel kurz, Griffel gerade, kaum aus der Kapsel hervortretend. Die gemeinste Art von allen.

59. Familie: Haidengewächse.

167. Calluna, Besenhaide. (VIII, 1.)

343. **C. vulgaris**, Gemeine-B. ♄, 8—9. *Fleischrot*. An trockenen Waldrändern rundum, aber keine grösseren Flächen bedeckend.

60. Familie: Heidelbeergewächse.

168. Vaccinium, Heidelbeere. (VIII, 1.)

344. **V. myrtillus**, Gemeine-H. oder Blaubeere. ♄, 6—7. *Rötlich grün*. Beere *schwarz*. An etwa fünfzehn Orten rundum von L., kleinere oder sehr kleine Flächen bedeckend. (Im Wildfrauberg, am Wege nach Weickartshain, Ostrand der Zwillingsseife, an der „langen Wiese", im oberen Eselskopf, am Grenzweg zwischen Lauter- und Wetterthal, an der Strasse nach Freienseen, gegenüber dem alten Heuweg u. a. a. O.)

61. Familie: Schlüsselblumengewächse. (V, 1.)

169. Primula, Schlüsselblume, oder Primel.

345. **P. elatior**, Hohe-Schl. ♃, 3—5. *Schwefelgelb*, geruchlos. Häufig. Wiesen der Steinbach, im Tiergarten.

346. **P. officinalis**, Arzeneiliche-Schl. ♃, 4—5. *Goldgelb* mit fünf safranfarbigen Flecken. Wohlriechend. Etwas weniger häufig, als vorige, an den gleichen Orten.

170. Anagallis, Gauchheil.

347. **A. arvensis**, Acker-G. ⊙, 6—9. *Mennigrot*. Stengel niederliegend. Unkraut auf Äckern und in Gärten. (Um das Johann-Friedrich-Stift.)

348. **A. cärulea**, Blaues-G. ⊙, 6—9. *Blau*. Stengel meist aufrecht. An den gleichen Orten mit der vorigen (etwas seltener).

171. Lysimachia, Gilbweiderich.

349. **L. nummularia**, Rundblätteriger-G. oder Pfennigkraut. ♃, 6—7. *Dunkelgelb*, wohlriechend. Stengel niederliegend, wurzelnd. An Weg-, Bach- und Grabenrändern gemein.

350. **L. vulgaris**, Gemeiner-G. ♃, 7—9. *Goldgelb*. Stengel aufrecht (bis 0,70 cm hoch). Blüten in gipfelständiger Traube oder Rispe. An der oberen Lauterquelle, gegenüber dem alten Ziegelhütter Teich am Waldrande (nach Freienseen), in der Eichbergschlucht und an anderen feuchten Orten.

62. Familie: Rauhblätterige- oder Boretschgewächse. (V, 1.)

172. Borago, Boretsch.

351. **B. officinalis**, Gebräuchlicher-B. ⊙, 6—8. *Blau*, selten *weiss*. In Gärten angebaut und von ihnen aus hie und da verwildert. (Aus Süd-Europa stammend.)

173. Lycopsis, Krummhals.

352. **L. arvensis**, Acker-K. ⊙, 7—9. *Blau* oder *weiss*. Pflanze steifhaarig, Blatt lanzettlich. Unkraut unter Getreide. (Gombach.)

174. Symphitum, Beinwoll.

353. **S. officinale**, Gebräuchliche-B. ♃, 5—9. *Rosenrot* und *weiss*. An feuchten Strassengräben (an der Traube), an der Wetter (Bürgelweg) u. a. a. O.

175. Pulmonaria, Lungenkraut.

354. **P. officinalis**, Gemeines-L. ♃, 3—5. Zuerst *rot*, dann *blau*. Scheint nicht wild innerhalb des Gebietes vorzukommen (dagegen an der nördlichen Grenze), findet sich aber an Gartenzäunen im Hainberg.

176. Myosotis, Vergissmeinnicht.

I. Kelch mit angedrückten Haaren.

355. **M. palustris**, Sumpf-V. ♃, 5—9. Blume gross, *himmelblau*. Wenig behaart. Auf Äckern und in den Bächen (Steinbach, Schellenbach) gemein.

Auch die kleinblütige Form: **M. cäspitosa** ist nicht selten.

II. Kelch mit abstehenden Haaren.

† Blume gross, Kronsaum flach.

356. **M. silvatica**, Wald-V. ⊙, 4—9. *Rötlich*, später *hellblau*, der vorigen ähnlich, doch stärker behaart. (An feuchten Gräben im Tiergarten, und in der unteren Kisselsbach.)

†† Blumen klein, Kronsaum vertieft.

* Fruchtstiel kürzer, als der Kelch.

357. **M. versicolor**, Buntblumiges-V. ⊙, 5—7. *Gelb*, dann *bläulich*, später *violett*. Die grundständigen Blätter bilden eine Rosette. Unkraut auf Äckern. (Lange Hohl.)

358. **M. stricta**, Acker-V. ⊙, 4—6. *Blau*. Kleinste Art (höchstens 20 mm hoch), ohne Blattrosette. Auf Äckern gemein.

** Fruchtstiel länger, als der Kelch.

359. **M. intermedia,** Mittleres-V. ⊙, 6—8. *Blau.* Äcker und Waldränder häufig.

177. Lithospermum, Steinsame.

360. **L. arvense,** Acker-St. ⊙, 4—5. *Weiss.* Auf Äckern häufig (Gombach).

178. Echium, Natterkopf.

361. **E. vulgare,** Gemeiner-N. ⊙, 6—8. *Rosenrot,* zuletzt *blau* oder *weiss.* Auf der Schlossmauer (nach dem „grünen Meere“ hin), an dem Weg nach Lauter, Abhänge von Ruppertsburg.

63. Familie: Windengewächse. (V, 1.)

179. Convolvolus, Winde.

(Stengel links windend.)

362. **C. arvensis,** Acker-W. ♃, 5—9. *Weiss* mit fünf *roten* Streifen. Blume höchstens 3 cm im Durchmesser. Häufiges Unkraut auf Äckern.
363. **C. sepium,** Zaun-W. ♃, 7—9. *Weiss.* Blume bis 6 cm im Durchmesser. An Hecken häufig (Wetter, Seilerbahn, Hainbergpfädchen).

64. Familie: Flachsseidengewächse.

180. Cuscuta, Seide. (V, 2.)

364. **C. europäa,** Grosse-S. ⊙, 7—8. *Rötlich.* Griffel kürzer, als der Fruchtknoten. Auf Nesseln, Hopfen (Gombachsweg) schmarotzend.
365. **C. epithymum,** Thymian- oder Klee-S. ⊙, 6—7. *Weiss-rötlich.* Griffel viel länger, als der Fruchtknoten. Zierlicher, als Nr. 364. Auf Thymian (Zwillingsseife) und in Kleeäckern häufig.

65. Familie: Nachtschattengewächse. (V, 1.)

181. Solanum, Nachtschatten.

366. **S. tuberosum,** Kartoffel (aus Amerika stammend). ♃, 7—8. *Weiss* oder *violett.* In zahlreichen Spielarten angebaut.

367. S. **nigrum**, Schwarzer-N. ⊙, 7—10. *Weiss.* Stengel kantig, aufrecht, Beere *schwarz* oder *grün.* Unkraut auf Schutt und in Gärten.

368. S. **dulcamara**, Bittersüss. ♄, 5—8. *Violett* (selten *weiss*). Stengel niederliegend, Beere *rot.* An der oberen Lauter, bei der Horloffmühle, am Schwanenteich u. a. a. O.

182. Atropa, Tollkirsche.

369. A. **belladonna**, Gemeine-T. ♃, 6—8. Blüten achselständig, hängend, *bräunlich,* Beere glänzend *schwarz.* Erscheint überall, wo der Buchenhochwald abgetrieben wird. (Kaff, Seesen-Kopf, Oberstube u. a. a. O.)

(1884 erkrankten in dem benachbarten Wetterfeld sechs Personen durch den Genuss der Beeren, ein zweijähriges Kind starb infolge des Giftes [Atropin]).

183. Lycium, Bocksdorn.

370. L. **barbarum**, Gemeiner-B. oder Teufelszwirn. ♄ (mit dünnen, herabhängenden Ästen) 6—8. *Violett.* Aus Süd-Europa, angepflanzt zu Wandbekleidung (Grünberger Bahnhof, Nordseite), zu Lauben (in Lauter).

184. Datura, Stechapfel.

371. D. **stramonium**, Gemeiner-St. ⊙, 7—8. *Weiss.* Stengel ästig, Blüten zweigendständig, Kapsel stachelig. Auf Schutthaufen hie und da (nicht häufig).

185. Hyoscyamus, Bilsenkraut.

372. H. **niger**, Schwarzes-B. ⊙ und ⚇. *Schmutzig gelb,* Saum *schwärzlich* geadert. (Wurde einigemal mit in die Klasse gebracht, auf Exkursionen noch nicht gesammelt, ebenso Nr. 371.)

---

66. Familie: Rachen- oder Lippenblütige.

(XIV, 1. Mit Ausnahme von Nr. 187 und 188.)

I. Krone fast regelmässig vierspaltig, trichterförmig (kaum „lippig“ zu nennen).

186. Mentha, Minze.

(Blüten in Wirteln. Blatt eiförmig, sägezähnig.)

373. M. **arvensis**, Acker-M. ♃, 7—8. *Lila.* Stengel mit Laubblättern endigend, aufrecht oder niederliegend. Auf Äckern und feuchten Wiesenstellen gmein (am Tiergärtnerteich).

374. **M. aquatica**, Wasser-M. ♃, 7—8. *Blassrot, lila.* Am Stengelende ein rundliches Blütenköpfchen, aufrecht. An der Horloff bei Ruppertsburg.

187. Lycopus, Wolfsfuss. (II, 1.)

(Blüten in Wirteln, Blatt tief eingeschnitten, am Grunde fiederspaltig.)

375. **L. europäus**, Gemeiner-W. ♃, 6—9. *Weiss*, oft *rot* punktiert. Gemein in feuchten Gräben (um den Tiergärtnerteich, Schellenbach u. a. a. O.).

II. Krone unregelmässig, zweilippig (oder rachenförmig), Oberlippe oft helmartig gekrümmt.

188. Salvia, Salbei. (II, 1.)

*Blütenquirle vier- bis sechsblütig, Blattunterseite weichhaarig.

376. **S. pratensis**, Wiesen-S. ♃, 5—7. *Blau.* Stengel wenigblätterig, diese herzförmig, doppelt gekerbt. Selten. Nur am Hessenbrückerhammer, Strasse nach Röthches.

377. **S. silvestris**, Wilde-S. ♃, 7—8. *Violett* oder *rosenrot.* Stengel reichblätterig, Blatt eiförmig, einfach gekerbt. (Am Ringelsberg, n. Roth, fehlt jetzt dort.)

**Blütenquirle fünfzehn- bis zwanzigblütig, Blätter gestielt, dreieckig herzförmig, samt Stengel rauhhaarig.

378. **S. verticillata**, Quirl-S. ♃, 6—8. *Violett.* Blätter grob gekerbt. Selten: An der Strasse nach Schotten (Strassenrain rechts in der Nähe der Freienseener Brücke).

189. Origanum, Dosten.

379. **O. vulgare**, Gemeiner-D. ♃, 7—9. *Blassrot.* Scharf riechend, bis 50 cm hoch, Blüten in fast kugeligen Ähren, diese in dichten Doldentrauben. Nicht sehr häufig im Gebiet: Wassergräben am Neuhof bei Ruppertsburg.

190. Thymus, Quendel oder Thymian.

380. **Th. serpyllum**, Feld-Th. ♃, 6—9. *Purpurn.* Scharf riechend, bis 20 cm lang, niedergestreckt. Auf dürren Triften häufig (Ramsberg).

191. Calamintha, Bergminze.

381. **C. acinos**, Gemeine-B. ⊙, 6—8. *Hellblau.* Sechsblütiger Quirl. Wurde wiederholt mit in den Unterricht gebracht (angeblich vom dürren Berg), doch noch nicht auf Exkursionen gesammelt.

192. Clinopodium, Wirbeldosten.

382. **C. vulgare**, Gemeiner-W. ♃, 6—8. *Purpurn.* Quirl reichblütig, Stengel zottig behaart. In Hecken um L. (Gräfliche Ziegelhütte) häufig.

193. Glechoma, Gundelrebe.

383. **G. hederaceum**, Gemeine-G. ♃, 4—6. *Blassblau.* Stengel liegend. Hecken, Gebüsch, Wege, gemein.

194. Lamium, Taubnessel.

I. Blätter gestielt.

384. **L. album**, Weisse-T. ♃, 4—10. *Weiss.* Gemein.
385. **L. maculatum**, Gefleckte-T. ♃, 4—5. *Purpurn.* Unterlippe gefleckt. Blüten bis $1^1/_2$ cm gross, Kronröhre gebogen. Nicht häufig um L., dagegen um Grünberg (Brunnenthal).
386. **L. purpureum**, Rote-T. ⊙, 4—10. *Purpurn.* Blüte kleiner, als bei Nr. 380 und mit gerader Kronröhre. Gemeines Unkraut auf Äckern und in Gärten.

II. Blätter stengelumfassend.

387. **L. amplexicaule**, Stengelumfassende-T. ⊙, 4—10. *Purpurn.* Häufiges Unkraut auf bebautem Land.

195. Galeobdolon, Goldnessel.

388. **G. luteum**, Gelbe-G. oder Waldnessel. ♃, 5—6. *Goldgelb.* Wälder um den Ramsberg, im Buchwald, im Tiergarten, an der Strasse nach dem Jägerhaus u. a. a. O.

196. Galeopsis, Hohlzahn.

389. **G. tetrahit**, Gemeiner-H. ⊙, 7—8. *Rot* oder *weisslich* mit gefleckter Unterlippe, Stengel unter den Gelenken steifhaarig und angeschwollen. Äcker, Zäune, Schutt, Waldwege, gemein.

197. Stachys, Ziest.

I. Stengel aufrecht.

390. **St. silvatica**, Wald-Z. ♃, 6—8. *Braunrot,* stark riechend. Blätter langgestielt, herzeiförmig, rauhhaarig. An feuchten Waldstellen häufig. (Um den Laubacher Pflanzgarten, Oberstube, Steinbach und zahlreichen anderen Orten.)
391. **St. palustris**, Sumpf-Z. ♃, 7—8. *Hellrot.* Blatt kurzgestielt, fast kahl. Unkraut auf feuchten Äckern (nach dem Tiergärtnerteich, der alten Ziegelhütte u. a. a. O.).

II. Stengel niederliegend, oder wenig aufsteigend.

392. **St. arvensis**, Acker-Z. ⊙, 7—10. *Blassrot.* Gemeines Unkraut auf Stoppelfeldern.

198. **Betonica**, Betonie.

393. **B. officinalis**, Gebräuchliche-B. ♃, 7—8. *Purpurn.* Obere Blätter sitzend, Basis herzförmig, Stengel vierkantig. Häufig auf Waldwiesen (Laubacher Pflanzgarten) und auf Blössen (Oberstube).

199. **Ballota**, Schwarz- oder Stinknessel.

394. **B. nigra**, Gemeine-Sch. ♃, 6—9. *Rot.* Unkraut an Mauern und wüsten Plätzen. (Am Hainberg gemein.)

200. **Scutellaria**, Helmkraut.

395. **S. galericulata**, Gemeines-H. ♃, 6—9. *Violett*, am Grunde rechtwinkelig gekrümmt. An der oberen Lauter, in der Eichbergschlucht, am Schwanenteich.

201. **Prunella**, Brunelle.

396. **P. vulgaris**, Gemeine-B. ♃, 7—10. *Violett.* Blütenähre am Grunde von zwei Blättern gestützt. Wiesen, Wege, Triften überall.
397. **P. grandiflora**, Grossblumige-B. ♃, 7—9. *Violett.* (Bedeutend grösser, als vorige.) Blütenähre gestielt, am Grunde blattlos. Um Wetterfeld (nach dem Seenküppel zu) und um L., auf Triften und Wiesen nicht selten.

III. Oberlippe fast fehlend (höchstens sind zwei kleine Zähnchen an ihrer Stelle vorhanden), Unterlippe gross.

202. **Ajuga**, Günsel.

398. **A. reptans**, Kriechender-G. ♃, 6—7. *Blau* (selten *rot* oder *weiss*). Stengel mit langen Ausläufern. Wiesen (Ramsberg u. a. O.), Grasplätze gemein.

A. **genevensis**, Behaarter-G., Stengel ohne Ausläufer, scheint im Gebiet zu fehlen, findet sich um Arnsburg (F r i e d r i c h, G r a f z u S o l m s).

---

67. Familie: Eisenkrautgewächse.

203. **Verbena**, Eisenkraut. (XIV, 2.)

399. **V. officinalis**, ♃, 6—8. *Blau.* Ähren rutenförmig schlank. Scheint im Wetterthal zu fehlen, ist gemein auf öden Stellen an der Horloff bei Ruppertsburg.

68. Familie: Wegerichgewächse.

204. Plantago, Wegerich. (XIV, 1.)

400. **P. major**, Grosser-W. ♃, 6—10. *Grünlich.* Blattstiel deutlich von der grossen, eiförmigen Blattspreite unterscheidbar. Gemein an Wegen, ebenso die beiden folgenden Arten.
401. **P. media**, Mittlerer-W. ♃, 5—7. *Rötlichweiss.* Blattstiel kurz (Blatt ungestielt), Blattspreite elliptisch.
402. **P. lanceolata**, Schmalblätteriger-W. ♃, 4—10. *Bräunlich-weiss.* Blattspreite „lanzettlich."

69. Familie: Maskenblüter.

(XIV, 2. Mit Ausnahme von Nr. 205 und Nr. 209.)

205. Verbascum, Wollkraut oder Königskerze. (V, 1.)

I. Wolle der Staubfäden *violett* **(oder** *rot*).

403. **V. nigrum**, Schwarzes-W. ♃, 6—7. *Gelb.* Blatt oberseits kahl, unterseits graufilzig, bis 1 m hoch. Um Ruppertsburg (am Pfad nach Villingen) häufig.

II. Wolle der Staubfäden ***weiss.***

404. **V. lychnitis**, Mehlige-K. ⊙, 6—7. *Gelb.* Blattoberseite fast kahl, unterseits, sowie die ganze Pflanze *weisslich* oder *grau* mehlfilzig. Bis 1,5 m hoch. Horloffabhänge bei Ruppertsburg.
405. **V. thapsus**, Kleinblumige- oder echte-K. ⊙, 7—8. Traube sehr dicht. Ganze Pflanze (auch die Blattoberseite) *gelb*- oder *graufilzig.* Vereinzelt bei L.: Um den Steinbruch am Ramsberg, an der Strasse nach Freienseen.

206. Scrofularia, Braunwurz.

406. **S. nodosa**, Gemeine-B. ♃, 5—8. Trüb *olivengrün.* Blatt kahl, Stengel vierkantig, Blütenrispe endständig. An feuchten Gräben (um die Zwillingsseife, im Kaff, im Wildfrauberg u. a. a. O.) nicht selten, aber meist vereinzelt.

207. Limosella, Schlammling oder Sumpfkraut.

407. **L. aquatica**, Wasser-Schl. ⊙, 7—9. *Grünlich* mit *rotem* Saum, höchstens 5 cm hoch. Grundständige Blätter lanzettlich, langstielig, Schaft kurz, einblütig. Findet sich im Roth'-schen Herbarium, Standort: Tiergärtnerteich. Wurde bis jetzt auf Exkursionen nicht gefunden. (Kam auch im früheren Obersee vor.)

208. Linaria, Leinkraut.

408. **L. cymbalaria**, Epheublätteriges-L. ♃, 6—8. *Hellviolett* mit zwei *gelben* Flecken. Stengel niederliegend, Blüten einzeln in den Achseln der herzförmig-rundlichen, kahlen Blätter. An der nordöstlichen und östlichen Schlossmauer (angepflanzt durch Friedrich, Graf zu Solms).

409. **L. vulgaris**, Gemeines-L. oder Gelbes Löwenmaul. ♃, 7—9. *Gelb*. Stengel aufrecht, Blüten in endständiger Traube, Blatt lanzettlich, lineal. Nicht häufig. Am Wege nach der Bingmühle und Lauter.

209. Veronica, Ehrenpreis. (II, 1.)

I. Blüten einzeln, in den Winkeln gewöhnlicher Laubblätter.

410. **V. agrestis**, Acker-E. ⊙, 5—6 und 9—10. Bis 15 cm hoch. Oberlippe *rötlich* oder *blassblau*, Unterlippe *weiss*. Blatt herzeiförmig, gesägt-gekerbt. Unkraut auf Äckern, häufig.

411. **V. hederaefolia**, Epheublätteriger-E. ⊙, 3—6. *Hellblau*. Blatt herzeiförmig, drei- bis fünflappig, der mittlere Lappen ist viel breiter, als die seitlichen. Unkraut auf Äckern.

II. Blüten einzeln, alle (oder doch die obersten) in den Winkeln von andersförmigen Blättern, als die Laubblätter.

412. **V. tryphyllos**, Dreiteiliger-E. ⊙, 3—5. *Dunkelblau*. Untere Blätter eirund, ungeteilt, die mittleren in drei bis fünf längliche Abschnitte fiederig geteilt. Unkraut auf Äckern (um das alte Gericht).

413. **V. serpyllifolia**, Quendelblätteriger-E. ♃, 4—9. *Weiss* mit *blauen* Adern. Blütenstiel gleichlang mit dem Kelch, Blatt eirund, fast ganzrandig. Äcker, Triften, Gräben, häufig.

414. **V. arvensis**, Acker-E. ⊙, 3—8. *Blau*. Blütenstiel kürzer, als der Kelch, Blatt herzeiförmig, gekerbt. An gleichen Orten mit voriger, gemein.

III. Blüten in seitenständigen Trauben.

† Blätter mindestens doppelt so lang, wie breit.

415. **V. anagallis**, Wasser-E. ♃, 5—9. *Blassblau* mit dunkleren Streifen. Stengel aufrecht, Blatt lanzettlich, sitzend. In feuchten Gräben. (Zwischen der Lehmkaute und dem Jägerhaus, Strassengraben links.)

416. **V. beccabunga**, Bachbunge. ♃, 5—8. *Blau* oder *rötlich* (klein). Stengel niederliegend oder flutend, Blütenzweige aufsteigend. Die etwas fleischigen, kurzgestielten, gekerbt-gesägten Blätter sind lang elliptisch. In der Wetter und deren Zuflüssen (Obersee) häufig.

†† Blatt eirund, gekerbt oder gesägt, höchstens doppelt so lang, wie breit, Stengel gänzlich oder am Grunde niederliegend.

* Verlängerte Traube reichblütig.

417. **V. chamädrys**, Gamander-E. ♃, 4—6. *Blau*, dunkel geadert (gross). Stengel zweireihig behaart. Auf Wiesen, an feuchten Gräben gemein. (Städtische Ziegelhütte.)

418. **V. officinalis**, Arzneilicher-E. ♃, 6—9. *Blassblau* (klein). Stengel rundum rauhhaarig. Blätter kurz gestielt. An Abhängen sonniger Waldwege gemein.

** Trauben vier- bis fünfblütig.

419. **V. montana**, Berg-E. ♃, 5—6. *Weisslich violett* gestreift. Blätter lang gestielt. An feuchten Waldwegen nicht selten. (Um die Engelsburg, an dem Wege zwischen dem Tiergärtnerteich und Weickartshain.)

210. Melampyrum, Wachtelweizen.

I. Blüten einseitswendig.

420. **M. pratense**, Wiesen-W. ⊙, 6—9. *Gelb*, oder *weiss* und *gelb*. Deckblätter *grün*. Auf Waldwiesen (Schreinersmühle, Tiergärtnerteich) häufig.

II. Blüten in allseitswendiger, lockerer Ähre.

421. **M. arvense**, Acker-W. ⊙, 6—8. *Purpurn* mit *weissem* Ring oder *gelbem* Fleck auf der Unterlippe. Deckblätter *rot*. Ackerunkraut. (Auf dem Stelzenberg, n. Roth.)

211. Rhinanthus, Hahnenkamm oder Klappertopf.

422. **Rh. crista galli**, Gemeiner-H. ⊙, 5—7. *Gelb*. Zähne der Oberlippe *blau*, Kelch zusammengedrückt, bauchig. Gemein in allen Wiesen (Gombach).

212. Pedicularis, Läusekraut.

423. **P. silvatica**, Wald-L. ⊙, 5—7. *Rosa*. Auf nassen Wiesen (lange Wiese, Tiergartenwiese u. a. a. O.) häufig, bis 20 cm hoch. Blütentragender Stengel nicht verästelt.

424. **P. palustris**, Sumpf-L. ⊙, 5—7. *Rosa*. Stengel von unten an verästelt, zwischen 30 cm und 40 cm hoch. Auf feuchten Wiesen, nicht häufig. (Wiesen vor dem Aufgang zur Einfirste).

213. Euphrasia, Augentrost.

425. **E. officinalis**, Gemeiner-A. ⊙, 7—8. *Weiss* mit *gelbem* Fleck. Auf allen Wiesen — Zwillingsseife, um den Tiergärtnerteich — häufig.

426. E. **odontites**, Roter-A. ⊙, 6—9. *Rot.* In einseitigen Ähren. Stark verzweigt. Auf Wegen um L. gemein. (Steinbach, Städtische Ziegelhütte u. a. a. O.)

70. Familie: Würgergewächse. (XIV, 2.)

214. Lathräa, Schuppenwurz.

427. L. **squamaria**, Gemeine-Sch. ♃, 3—4. *Rot* oder *weisslich* in einseitswendigen, nickenden Trauben, ganze Pflanze *rötlich* überlaufen, fleischig, bis 30 cm hoch. In Erlenbrüchen, namentlich auf Wurzeln der Haselnuss schmarotzend. Im Solms'schen Herbarium. Dahin von Herrn Hofapotheker Rössing — als aus dem Gebiete stammend — geschenkt, ein genauer Standort war nicht mehr festzustellen. Wurde auf Exkursionen bis jetzt nicht gefunden.

71. Familie: Ölbaumgewächse. (II, 1.)

215. Ligustrum, Rainweide.

428. L. **vulgare**, Gemeine-R. ♄, 6—7. *Weiss*, Beere *schwarz*. An der Strasse nach Wetterfeld in Gartenhecken, in dem Gebüsch am Schmelzpfädchen u. a. a. O.

216. Syringa, Flieder (Nägelchen).

429. S. **vulgaris**, Gemeiner-Fl. ♄, 4—5. *Lila, rötlich* oder *weiss*. Blatt herzeiförmig, zugespitzt. Aus Persien stammend. Angepflanzt. In Gartenhecken verwildert. (Steinbach.)

217. Fraxinus, Esche.

430. F. **excelsior**, Gemeine-E. ♄, 4—5. Blüten nackt, Antheren *rot*. An den Strassen und als Waldbaum angepflanzt.

Eine Abart mit hängenden Ästen: F. **pendula**, Hängeesche, findet sich in Gärten und Höfen häufig angepflanzt.

72. Familie: Seidenpflanzengewächse.

218. Vinca. Immergrün. (V, 1.)

431. V. **minor**, Kleines-I. ♄, 4—5. *Blau* (selten *weiss*). Kriechend, Blüten einzeln. Um das Jägerhaus (Kirchstumpf) und in Gärten häufig (an der Brauerei).

73. Familie: Enziangewächse. (V, 1 u. 2.)

219. Gentiana, Enzian. (V, 2.)

432. **G. campestris**, Feld-E. ⊙, 8—10. *Bläulich-violett*, Röhre *weisslich*. Bis 25 cm hoch, verästelt. Am Tiergärtnerteich, am Ramsberg, Zwillingsseife u. a. a. O. häufig.

220. Erythräa, Tausendgüldenkraut. (V, 1.)

433. **E. centaureum**, Gemeines-T. ⊙, 7—9. *Fleischrot*. Blüten ebensträussig. In feuchten Wiesengräben. (Nach dem Tiergärtnerteich hin, links.)

221. Menyanthes, Bitter-Biber oder Fieberklee. (V, 1.)

434. **M. trifoliata**, Dreiblätteriger-F. ♃, 4—5. *Rot* mit *weissem* Bart. Blatt langgestielt, dreizählig. An sumpfigen Stellen. Oberhalb des Tiergärtnerteiches (daselbst alljährlich blühend), an der alten Ziegelhütte.

74. Familie: Kürbisgewächse. (XXI, 9.)

222. Cucurbita, Kürbis.

435. **C. pepo**, Gemeiner-K. ⊙, 7—8. *Gelb*. Frucht annähernd kugelig, glatt. Gartenpflanze (soll aus Asien stammen).

223. Cucumis, Gurke.

436. **C. sativus**, Gemeine-G. ⊙, 7—8. *Gelb*. Frucht langgestreckt warzig. Gartenpflanze, aus Asien stammend, wird in verschiedenen Abarten angebaut.

437. **C. melo**, Melone. ⊙, 7—8. *Blassgelb*. Frucht kugelig, knotig. Kulturpflanze aus Asien.

Die in diese Familie zählende, aus Süd-Europa stammende:

223a. (438.) Spring- oder Vexir-Gurke ⊙ (**Ecballium officinale**), Frucht bis 4 cm lang, behaart, findet sich hier und da angebaut und soll bei Ulfa verwildert vorkommen. (?)

75. Familie: Glockenblumengewächse. (V, 1.)

224. Campanula, Glockenblume.

I. Jede Blüte gestielt, Blütenstand traubig oder rispig.

† Stengelblätter schmal (linealisch).

* Grundständige Blätter langgestielt, Spreite rundlich-eiförmig.

439. **C. rotundifolia**, Gemeine- oder rundblätterige-G. ♃, 5—10. *Blau*. Die gemeinste von allen.

** Grundständige Blätter langgestielt, Blattspreite länglich.

440. **C. patula**, Sperrigblütige-G. ☉, 6—8. *Violett.* Rispe fast ebenstraussig, armblütig, Blüten nur oberhalb der Mitte der Rispenäste entspringend, Blatt flach. Auf Wiesen nicht selten (bei Wetterfeld, um den Tiergärtnerteich, im Schlossgarten, um Gonterskirchen.)
441. **C. rapunculus**, Rapunzel-G. ☉, 5—6. *Violett.* Rispe reichblütig. Blatt wollig. Auf Wiesen häufig (Wiesen der Steinbach).
442. **C. persicifolia**, Pfirsichblätterige-G. ♃, 5—6. *Blau.* Nur drei bis fünf Blüten, deren Durchmesser über 2 cm beträgt. In der Einfirste (rechts, n. Roth), ebenso beim Jägerhaus.

†† Stengelblätter breit, grundständige herzförmig, langgestielt, Blüten gross, Pflanze rauhhaarig.

443. **C. trachelium**, Nesselblätterige-G. ♃, 6—8. Stengel kantig. Um die Bingmühle häufig.
444. **C. rapunculoides**, Rapunzelartige-G. ♃, 6—8. Stengel stielrund, Traube einseitswendig. Hecken und Gärten nicht selten.

II. Blüten sitzend, Blütenstand: geknäuelt.

445. **C. glomerata**, Knäuelblütige-G, ♃, 6—8. *Blau.* Wurzelblätter langgestielt. An Rainen um L. nicht selten (am Stelzenberg, Weg nach Lauter vor der Ziegelhütte, im Schlossgarten).
446. **C. cervicaria**, Natterkopfblätterige-G. ♃, 5—8. *Hellblau.* Wurzelblätter in den Blattstiel verschmälert. Bei Ruppertsburg (Lenzisberg).

225. Phyteuma, Waldrapunzel.

447. **Ph. nigrum**, Schwarze-W. ♃, 5—7. *Dunkelviolett.* Köpfchen verlängert. Auf Wiesen um L. häufig. (Steinbach.)
448. **Ph. orbiculare**, Kugelblütige-W. ♃, 5—7. *Dunkelblau.* Köpfchen kugelig. Auf Wiesen um L. häufig (am alten Heuweg).
449. **Ph. spicatum**, Ährige-W. ♃, 5—7. *Gelblichweiss.* Köpfchen verlängert. Selten. Auf dem linken Ufer der Horloff, gegenüber der Horloff-Mühle dicht am Waldsaum. Abart (?) von 447.

---

76. Familie: Geisblattgewächse.

226. Lonicera, Geisblatt. (V, 1.)

(Blüten gedoppelt.)

450. **L. xylosteum**, Gemeine-Heckenkirsche. ♄, 4—6. *Weiss, gelblich* oder *rötlich.* Stengel aufrecht (nicht windend). Häufig im Walde (Wildfrauberg u. a. a. O.) und in Hecken um L.

451. **L. periclymenum**, Deutsches-G. ♄, 6—8. *Gelblichweiss*, wohlriechend. Stengel windend. Häufig im Walde (Grenzweg zwischen Lauter- und Wetterthal bis 10 m hoch) und in Hecken um L. (Pfad von der Steinbach nach der Gonterskircher Strasse).

Die aus Nord-Amerika stammende:

227. (452.) **Symphoricarpus racemosus**, Gemeine-Schneebeere. ♄, 5—7. *Rosa*. Beere *schneeweiss*. Blattform sehr veränderlich. — findet sich sehr häufig in Gartenhecken.

228. Viburnum, Schneeball. (V, 3.)

453. **V. opulus**, Gemeiner-Sch. ♄, 5—6. *Weiss*. Beere *rot*. Die grösseren Randblüten der Trugdolden sind unfruchtbar. Blatt handförmig gelappt, kahl. In Gebüsch an Waldrändern nicht selten. (Um den Laubacher Pflanzgarten.)

229. Sambucus, Hollunder. (V, 3.)

454. **S. nigra**, Schwarzer-H. ♄, 6—7. *Weiss*. Trugdolde. (Fünf Hauptäste). Frucht *schwarz*, Mark *weiss*. In Waldgebüsch (an der Wetter unterhalb des Eselskopfes) und in Gartenzäunen häufig.

455. **S. racemosa**, Trauben-H. ♄, 4—5. *Gelblich*. Traubig. Frucht *rot*, Mark *rostrot*. In Waldgebüsch (Eselskopf, Wildfrauberg u. a. a. O.) nicht selten.

356. **S. ebulus**, Zwerg-H. oder Attich. ♃, 6—8. *Rötlichweiss*, unangenehm riechend. Blüten in Trugdolden (Drei Hauptäste). In Waldgebüsch (Strasse nach dem Jägerhaus, in der Oberstube u. a. a. O.) nicht selten.

230. Adoxa, Bisamkraut. (VIII, 4.)

457. **A. moschatellina**, Gemeines-B. ♃, 4—5. *Grünlich*. Blüten in Endköpfchen, Blatt dreizählig. Bis 8 cm hoch. An feuchten Stellen im Walde (Weg nach Weickartshain) nicht selten, aus dem Walde in die südöstliche Ecke des Schlossgartens verpflanzt.

---

77. Familie: Krappgewächse. (IV, 1.)

231. Galium, Labkraut.

I, Stengel von abwärts gerichteten Haaren rauh.

† Stengel kletternd.

458. **G. aparine**, Kleber. ⊙, 6—10. *Weisslich*. Früchte hakigsteifhaarig. In Hecken (auf der Helle) häufig.

†† Stengel nicht kletternd, meist niederliegend (bis zu 30 cm lang).

459. **G. uliginosum**, Morast-L. ♃, 7—8. *Weiss*. Blätter meist sechszählig, stachelspitzig. In feuchten Gräben. (Im früheren Obersee u. a. a. O.)

460. **G. palustre**, Sumpf-L. ♃, 5—7. *Weiss*. Blätter meist vierzählig, ohne Stachelspitze. Auf Sumpfboden. (Am Tiergärtnerteich.)

II. Stengel nicht rückwärts stachelig (kahl oder weichhaarig).

* Blüten *gelb*. (Stengel bis 60 cm hoch.)

461. **G. verum**, Wahres-L. ♃, 6—10. Blätter zu acht bis zwölf. Auf Wiesen gemein.

** Blüten weiss.

462. **G. boreale**, Nordisches-L. ♃, 7—8. Blätter zu vier. Stengel bis 50 cm lang. An den Grabenhecken nach dem Tiergärtnerteich zu.

463. **G. mollugo**, Gemeines-L. ♃, 5—8. Blätter zu sechs bis acht. Stengel bis 1 m lang, vierkantig. In Hecken (Schellenbach) und auf Wiesen, gemeinste Art.

464. **G. silvaticum**, Wald-L. ♃, 6—7. Blätter meist zu acht, Stengel stielrund. In Wäldern rundum nicht selten. (Einfirste, an dem linken Horloff-Ufer am Waldsaum u. a. a. O. Bei H. R. ist das Vorhandensein dieser Pflanze in unserem Gebiete in Frage gestellt, Seite 186.)

232. Asperula, Waldmeister.

465. **A. odorata**, Wohlriechender-W. ♃, 5—6. In den Buchenwaldungen häufig.

233. Sherardia, Scherardie.

466. **S. arvensis**, Acker-Sch. ⊙ oder ⊙, 7—9. *Rötlichblau*. Blätter zu vier bis acht. Stengel verzweigt, höchstens 20 cm lang, Blütenbüschel am Grunde von einer achtblätterigen Hülle umgeben. Ackerunkraut.

---

78. Familie: Korbblüter. (XIX.)

I. Alle Blüten zungenförmig.

a. Fruchtkranz aus gefiederten Borsten bestehend.

α. Blütenboden mit Spreublättchen besetzt.

234. Hypochöris, Ferkelkraut.

467. **H. radicata**, Langwurzeliges-F. ♃, 7—8. *Gelb*. Stengel blattlos, nach oben etwas verdickt. Wurzelblätter buchtig gezahnt, rauhhaarig. Auf Grasplätzen rundum gemein.

β. Blütenboden nackt (ohne Spreublättchen).

† Hülle einreihig (aus acht gleichhohen Blättchen bestehend).

235. Tragopogon, Bocksbart.

468. **T. pratensis**, Wiesen-B. ⊙, 5—7. *Gelb*. Blütenstiel nicht verdickt. Köpfchen bei Tage geschlossen. Auf Wiesen zerstreut. (Stelzenberg.)

†† Hülle zwei- oder mehrreihig.

* Stengel beblättert.

236. Scorzonera, Schwarzwurz.

469. **S. hispanica**, Spanische-Sch. ♃, 6—7. *Gelb*. Stengel ästig, jeder Ast einköpfig. Nicht wild im Gebiet, sondern nur in Gärten der fleischigen Wurzel halber gebaut.

237. Picris, Bitterkraut.

470. **P. hieracioides**, Habichtskrautartiges-B. ♃ (oder ⊙?) 7—9. *Gelb*. Pflanze bis 1 m hoch, widerhakig-borstig, mittlere Stengelblätter mit spiessförmiger Basis etwas umfassend. An Weg-, Ufer- und Strassenrändern gemein.

** Stengel blattlos (Schaft).

238. Leontodon, Löwenzahn.

471. **L. autumnalis**, Herbst-L. ♃, 7—10. *Gelb*. Blütenstiel nach oben beschuppt, verdickt ästig, mehrköpfig. Blätter schrotsäge-fiederteilig, gestielt. Auf Wiesen gemein.
472. **L. hastilis**, Gemeiner- oder Spiessblätteriger-L. ♃, 6—10. *Gelb*. Blütenstiel schuppenlos, ungeteilt, einköpfig. Blatt dem des vorigen ähnlich, doch mit geflügeltem Stiel.

b. Fruchtkranz aus einfachen Haaren bestehend.

α. Frucht lang geschnäbelt.

239. Taraxacum, Kuhblume.

(Schaft einköpfig.)

473. **T. officinale**, Gemeine-K. ♃, 4—9. *Gelb*. Auf Wiesen und Wegen gemein.

240. Lactuca, Lattich.

(Köpfchen in Rispen stehend.)

474. **L. sativa**, Gartensalat. ⊙, 6—8. *Gelb*. Blatt mit herzförmigem Grunde stengelumfassend. In zahlreichen Spielarten angebaut.
475. **L. muralis**, Mauer-L. ♃, 7—8. *Gelb*. Bis 1 m hoch. Blatt gestielt, leyerförmig-fiederspaltig. In den Buchenwäldern häufig. (Eselskopf, Oberstube, Eichberg u. a. a. O.)

β. Frucht nicht geschnäbelt.

241. Sonchus, Gänsedistel.

(Frucht flach zusammengedrückt.)

476. **S. oleraceus.** Gemüse- oder Garten-G. ⊙, 6—9. *Gelb.* Bis 1,25 m hoch, fast kahl, Köpfchen klein. Blätter zugespitzt, dünn, wenigstachelig. Häufiges Unkraut auf bebautem Land (Gärten, Äcker) und Schutt.

Wohl nur als Abart (?) gilt: **S. asper,** Saudistel, mit sehr rauhstacheligem Blatt, mit Nr. 476 häufig.

477. **S. arvensis,** Acker-G. ♃, 6—8. *Gelb,* bis 1 m, von Drüsenhaaren mehr oder weniger rauh, Köpfchen gross, Blätter schrotsägeförmig, mit kleinen, borstlichen Randzähnen. Häufiges Acker- und Gartenunkraut.

242. Crepis, Pippau.

(Blätter pfeilförmig stengelumfassend, Köpfchen vor dem Aufblühen nickend.)

* Fruchtkranz *gelblichweiss,* sehr zerbrechlich.

478. **C. paludosa,** Sumpf-P. ♃, 7—8. *Gelb,* Bis 60 cm hoch. Blütenstand rispig, Stengel hohl, kantig. Auf Waldwiesen, nicht häufig. (Im sogenannten Brühls'wieschen.)

** Fruchtkranz *reinweiss,* biegsam.

479. **C. biennis,** Zweijähriger-P. ⊙, 5—7. *Reingelb.* Bis 1,25 m hoch, Köpfchen bis 3 cm im Durchmesser. Auf Wiesen gemein.

480. **C. virens,** Grüner- oder Gemeiner-P. ⊙, 6—10. *Gelb.* (Randblumen rötlich gestreift.) Bis 30 cm hoch, stark verästelt, Köpfchen etwa 1 cm im Durchmesser. Auf Wiesen und Grasplätzen sehr gemein, namentlich vorherrschend in 9 und 10.

243. Hieracium, Habichtskraut.

(Fruchtkranz *gelblichweiss,* Blatt nie pfeilförmig umfassend.)

† Stengel mit Ausläufern. (Blütentragender Stengel blattlos, Wurzelblätter eine Rosette bildend.)

481. **H. pilosella,** Gemeines-H. ♃, 7—10. *Schwefelgelb.* (Randblüten auf der Aussenseite rötlich.) Schaft einköpfig, Blattunterseite graufilzig. Auf Grasplätzen rundum gemein.

482. **H. auricula,** Mäusöhrchen-H. ♃, 5—7. *Citronengelb.* Schaft selten einblätterig, zwei- bis fünfköpfig, Blatt kahl. Auf Wiesen häufig (Schellenbachswiese).

††Stengel ohne Ausläufer (aufrecht.)

*Stengel zur Blütezeit noch mit Wurzelblättern, er selbst wenigblätterig (1—5). Blütenstiel und Hülle mit schwarzen Drüsenhaaren.

483. **H. murorum**, Mauer-H. ♃, 6—10. *Gelb*. Stengel mit Sternhaaren, meist einblätterig. Blatt ei- oder langrund, oft dunkelfleckig. An Wegen, auf Mauern, in den Waldungen sehr häufig. (Ramsberg.)

Hierher zählt die niedrigere Form (höchstens 30 cm hoch): **H. incisum**, Eingeschnittenes-H., ohne Sternhaare am Stengel. Auf Wiesen nicht selten (Schlossgarten).

484. **H. vulgatum (H. silvaticum, H. ramosum)**, Gemeines-H. ♃, 6—7. *Gelb*. Stengel rispig doldentraubig (1 m hoch), mehrblätterig, diese eiförmig oder ei-lanzettlich mit vorwärts gerichteten Zähnen. In den Buchenwaldungen häufig (Einfirste, Fusspfad nach Freienseen, um das Jägerhaus).

** Stengel zur Blütezeit ohne Wurzelblätter, aber mit zahlreichen Stengelblättern (ohne Drüsenhaare).

485. **H. umbellatum**, Doldenblütiges-H. ♃, 7—10. *Gelb*. Stengel dicht beblättert (bis 1 m hoch), die Blätter lanzettlich-lineal, sitzend. Rispe doldig. Hüllblättchen gleichfarbig, zurückgekrümmt. Auf Wiesen, an Wegrändern sehr gemein.

486. **H. boreale**, Nordisches-H. ♃, 8—10. *Gelb*. Stengel bis 1,5 m hoch, dem vorigen ähnlich, doch liegen die Hüllblättchen dicht an, und das Blatt ist eiförmig-lanzettlich. Auf Waldblössen nicht selten. (Pfad nach der Bingmühle auf der Höhe links.)

487. **H. sabaudum**, Savoyer-H. ♃, 7—8. *Gelb*. Blätter eiförmig mit herzförmigem Grunde stengelumfassend, Blüten grösser, als bei den beiden vorhergehenden. Auf lichten Waldstellen nicht selten. (Im oberen Eselskopf.)

c. Fruchtkranz nur ein häutiger-schuppiger Rand.

244. Cichorium, Cichorie, Wegwarte.

488. **C. intybus**, Gemeine-C. ♃, 7—3. *Blau* (selten *weiss*). Obere Blätter lanzettlich, Wurzelblätter schrotsägig. An Wegrändern häufig. (Gombachsweg.)

489. **C. endivia**, Endivien-C. oder Endivie. ⊙, 7—8. *Blau*. Obere Blätter breit-eiförmig, Wurzelblätter ganzrandig, oder buchtig ausgeschweift. Angebaut.

d. Jeder Fruchtkranz fehlt.

245. Lampsana, Rainkohl.

490. **L. communis**, Gemeiner-R. ⊙, 6—10. *Gelb*. Bis 1,25 m hoch, ästig, rispig. Blütenköpfe klein und wenigblütig. Gemeines Ackerunkraut und an Hecken.

II. Alle Blumen deutlich röhrenförmig.

A. Alle Blüten der Form nach gleich.

α. Fruchtkranz aus einfachen Borsten bestehend.

† **Blütenboden nicht nackt.**

246. Arctium, Klette.

Hüllblättchen abstehend, stachelspitzig endend.
Blätter sehr gross, ganzrandig.

491. **A. lappa,** Gemeine-Kl. ⊙, 7—8. *Rot.*
Meist werden drei Abarten (Arten?) unterschieden:

1. (Lappa major.) Stengel bis 2 m hoch, Hüllblättchen fast kahl.
2. (L. minor.) Stengel bis 1 m hoch, Hüllblättchen nur wenig spinnwebig, nicht strahlend.
3. (L. tomentosa.) Stengel bis 1 m hoch, Hüllblättchen stark spinnwebig-zottig, strahlend.

Alle drei Formen finden sich auf Schutt, und in den umliegenden Wäldern nicht selten, nördlich der Zwillingsseife.

247. Bidens, Zweizahn.

Einzelne Randblüten sind oft zungenförmig.
Der Fruchtkranz besteht aus zwei bis fünf (meist zwei) rückwärts stacheligen Borsten (Zähnen), woher der Name.

492. **B. tripartita,** Dreiteiliger-Z. ⊙, 7—9. *Gelb.* Blatt dreiteilig. In feuchten Gräben, häufig. (Gräben nach der städtischen Ziegelhütte, an der Horloff bei Ruppertsburg u. a. a. O.)

493. **B. cernuus,** Nickender-Z. ⊙, 7—9. *Gelb.* Blätter ungeteilt, lanzettlich. An gleichen Orten mit der vorigen, doch viel seltener.

†† **Blütenboden nackt.**

248. Eupatorium, Wasserdosten.

494. **E. cannabinum,** Hanfähnlicher-W. ♃, 7—8. *Hellrötlich.* Blätter gegenständig, drei- bis fünfteilig. Stengel bis 1,75 m hoch. An feuchten Gräben nicht selten. (In der Eichbergschlucht, südlich der Zwillingsseife, an der Horloff oberhalb des Jägerhauses.)

249. Conyza, Dürrwurz.

495. **C. squarrosa (Inula conyza),** Sparrige-D. ⊙, 5—10. *Gelb.* Stengel bis 1,25 m hoch. Blätter ungeteilt, länglich, Unterseite weichhaarig. Äste doldentraubig; grosse, sperrig abstehende Hüllblättchen. Trockene, steinige Abhänge nicht selten. (Steinbruch am Ramsberg, Eichbergschlucht u. a. a. O.)

β. Fruchtkranzborsten deutlich oder nur schwach gefiedert, Blätter stachelspitzig.

250. Cirsium, Kratzdistel.

(Borsten deutlich gefiedert.)

* Köpfe einzeln (seltener zu zwei) am Ende des Stengels.

† Köpfchen auf sehr kurzem Stiel, Pflanze selten bis 20 cm hoch.

496. **C. acaule**, Stengellose-K. ♃, 7—8. *Purpurn.* Trockene Bergabhänge häufig. (Ramsberg, um Ruppertsburg, Lauter u. a. a. O.)

†† Stengel bis 1 m hoch.

497. **C. lanceolatum**, Schutt-K. ⊙, 6—9. *Purpurn.* Blatt stengelherablaufend, fiederspaltig, scharfstachelig. An Wegen und auf Schutt gemein.

** Köpfchen am Ende des Stengels, oder den Enden der Seitenzweige gehäuft. (Bis 1,5 m hoch.)

† Blüte *rot*, Blatt mit starken Randstacheln.

498. **C. palustre**, Sumpf-K. ⊙, 7—8. (Zuweilen *weiss.*) Köpfchen sitzend, der Stengel ist stachelig geflügelt durch das lang herablaufende, fiederspaltige Blatt. Auf nassen Wiesen, an sumpfigen Waldstellen, häufig.

499. **C. arvense**, Acker-K. ♃, 7—8. (Zuweilen *blassrot* oder *weiss*), Köpfchen gestielt, sonst ähnlich Nr. 498. Blatt weniger lang herablaufend. Auf wüsten Plätzen, und sehr gemeines Ackerunkraut.

†† Blüte *gelblich,* Blätter stengelumfassend, die unteren sehr gross.

500. **C. oleraceum**, Kohl-K. ♃, 7—8. Köpfchen endständig mit gelblichgrünen Deckblättern, Pflanze *blassgrün.* Auf feuchten Wiesen nicht selten. (Am Hainbergspfädchen, häufig um das Jägerhaus.)

251. Carduus, Distel.

(Borsten undeutlich gefiedert.)

* Köpfchen sehr gross, kugelig (meist einzeln).

501. **C. nutans**, Nickende-D. ⊙, 7—8. *Purpurrot.* Köpfe nickend, Blütenstiel filzig, Blätter herablaufend, fiederspaltig. Häufig um Ruppertsburg, seltener um L.

** Köpfchen eiförmig, meist gehäuft. Blütenstiel kurz, dornig.

502. **C. crispus**, Krause-D. ⊙, 7—8. *Purpurn.* Blatt buchtig-fiederspaltig herablaufend, unterseits weisswollig filzig. In Hecken um L. häufig.

252. Silybum, Mariendistel.

(Haarkelch wie bei Carduus.)

503. **S. marianum**, Silber-D. oder M. ⊙ oder ⊙, 7—8. Blatt stengelumfassend, dornig, gezähnt, meist milchweiss aderig marmoriert. In Gärten, und verwildert am Bürgelweg. (Stammt aus Süd-Deutschland.)

253. Carlina, Eberwurz.

(Haare des Fruchtkranzes verästelt und die Äste gefiedert.)

504. **C. vulgaris**, Gemeine-E. ⊙, 7—8. *Gelblich.* Die äusseren Hüllblättchen bilden einen auf der Innenseite strohgelb gefärbten Strahl. Auf trockenen Bergabhängen des Gebietes häufig. (Ramsberg, um Lauter, um Ruppertsburg.)

B. Röhrige Randblüten schief trichterförmig erweitert, einen hervorragenden Kranz bildend.

254. Centaurea, Flockenblume.

* Alle Blätter ein- bis zweifach fiederspaltig, oder teilig.

505. **C. scabiosa**, Skabiosenartige-Fl. ♃, 7—9. *Rot.* Köpfchen kugelig, gross (bis 4 cm breit). An sonnigen Hügeln und Strassenränder um L. häufig. (Strasse nach dem Jägerhause, vor dem Walde.)

** Obere Blätter ungeteilt, untere buchtig gezahnt oder fiederspaltig.

506. **C. cyanus**, Kornblume. ⊙ oder ⊙, 6, 7. *Blau* (selten *rot* oder *weiss*). Fruchtkranz vorhanden. Unter Getreide. In der Laubacher Gemarkung nicht häufig.

507. **C. jacea**, Gemeine-Fl. ♃, 6—10. *Rot.* Fruchtkranz fehlt. Auf Wiesen und Triften gemein.

III. Randblüten fadenförmig, nicht über die inneren hervorragend, innere Blüten röhrig.

α. Fruchtkranz haarfein.

255. Petasites, Pestilenzwurz.

(Herzförmige Blätter gross.)

508. **P. officinalis**, Gebräuchliche-P. ♃, 3—4. *Fleischrot.* Blatt oberseits grün, unterseits graufilzig. Nur vereinzelt in den Gärten der sogenannten „Laubach."

509. **P. albus**, Weisse-P. ♃, 3—4. *Gelblichgrün.* Blattunterseite schneeweissfilzig. Fand sich früher im Schlosshof, an der nun abgebrochenen Brauerei (H. R.), Gärten.

256. **Filago,** Schimmel- oder Filzkraut (weissfilzige Ackerunkräuter).

(Fruchtkranz mehrreihig.)

510. **F. arvensis,** Acker-F. ⊙, 7—9. Stengel traubig oder rispig verzweigt (bis 25 cm hoch), Köpfchen einzeln, oder zu zwei bis sechs gehäuft. Hüllblättchen dicht wollig. Unkraut auf Äckern um L. häufig, ebenso die folgende Art.

511. **F. germanica,** Deutsches-F. ⊙, 7—8. Stengel gabelig verzweigt (bis 30 cm hoch). Köpfchen zu zwanzig bis dreissig in grosse kugelige Köpfchen angehäuft. Hüllblättchen fast kahl, dagegen grannenartig lang zugespitzt.

257. **Gnaphalium,** Ruhrkraut.

(Fruchtkranz einreihig.)

* Köpfchen am Ende des Stengels. (Wurzelblätter spatelförmig, oberseits kahl.)

512. **G. dioïcum,** Katzenpfötchen. ♃, 5—6. *Weiss* oder *rot.* Stengel weissfilzig, bis 25 cm hoch. Auf Haiden und Wiesen gemein.

** Köpfchen in den Blattwinkeln.

513. **G. uliginosum,** Sumpf-R. ⊙, 7—9. *Gelblichweiss.* Stengel von unten an ästig, Pflanze graufilzig. In feuchten Gräben häufig (Gombachsweg).

514. **G. silvaticum,** Wald-R. ♃, 7—10. *Gelblichweiss.* Stengel einfach, aufrecht (bis 70 cm hoch). Blatt nur auf der Unterseite weissfilzig. Lichte Waldstellen häufig. (Kaff, Einfirste u. a. a. O.)

β. Fruchtkranz nur ein kurzes Krönchen bildend.

258. **Tanacetum,** Rainfarn.

515. **T. vulgare,** Gemeiner-R. ♃, 7—9, *Gelb.* Blatt doppelt fiederspaltig, Blüte in flachen Doldentrauben. Nicht häufig. An den Strassenrändern nach Wetterfeld hin.

γ. Der Fruchtkranz fehlt ganz.

259. **Artemisia,** Beifuss.

516. **A. vulgaris,** Gemeiner-B. ♃, 7—10. *Gelb.* Blätter vielspaltig, unterseits weissfilzig, Köpfchen länglich-eiförmig, grau behaart, Stengel bis 1,5 m hoch, ästig, Blütenboden kahl. An Wegen und in Gebüsch (Weg nach dem Tiergärtnerteich), auf Mauern (Schlossmauer nach dem grünen Meer) häufig.

517. **A. absinthium,** Wermut. ♃, 7—8. *Hellgelb.* Blätter zwei- bis dreifach gefiedert, beiderseits seidenhaarig-weiss-grau, Blütenboden zottig. Scharf riechend, sonst der vorigen ähnlich. An unbebauten Plätzen. (Hofraum vor dem Kasino häufig.)

Angebaut in Gärten finden sich noch: (bis 1 m hoch)

518. **A. abrotanum**, Eberraute, ♄, *gelb*, aus Süd-Europa stammend. Blätter vielfach zerteilt mit fädlichen Zipfeln. (Garten des Herrn Rossbach.)

519. **A. dracunculus**, Estragon. ♃, *weiss*, aus Sibirien. Blatt ungeteilt, grün, kahl. (Küchengewächs.)

IV. Die zungenförmigen Randblüten überragen weit (bilden einen Kranz oder Strahl) die röhrigen inneren Blüten.

A. Fruchtkranz der Scheibenblüten haarfein.

α. Alle Blüten *gelb*.

* Randblüten mehrreihig.

260. Tussilago, Huflattich.

520. **T. farfara**, Gemeiner-H. ♃, 3—4. Die Blüten erscheinen vor den herzförmigen, eckig gezähnten, unterseits behaarten Blättern. Auf Äckern und an Bächen häufig. (An der Strasse nach der „Traube" zu.)

** Randblüten einreihig.

† Hüllblättchen einreihig (oder noch mit kurzen Zipfeln am Grunde.)

261. Senecio, Kreuzkraut.

* Randblumen wagrecht ausgebreitet (meist dreizehn.)

521. **S. erucäfolius**, Raukenblätteriges-K. ♃, 7—8. (Bis 1,3 m hoch.) Blatt tief fiederspaltig, mit ungeteilten Öhrchen stengelumfassend, Unterseite spinnwebig behaart. An der Wetter, im Buchwald (Waldränder) sehr häufig.

522. **S. jacobäa**, Jakobs-K. ⊙, 7—8. Nur die mittleren, stengelständigen Blätter fiederspaltig, die unteren ganzrandig oder leyerförmig. Öhrchen am stengelumfassenden Grunde vielspaltig. Blatt fast kahl. (Kommt auch ohne Strahl vor.) Auf Wiesen häufig (zwischen Lauter und Wetterfeld gemein).

523. **S. aquaticus**, Wasser-K. ⊙, 7—8. Blüten gross, Wurzel- und mittlere Stengelblätter ungeteilt, die oberen leyerförmig, fast kahl. Bei Grünberg, auf den Wiesen nach L. zu.

** Randblumen zurückgerollt (meist dreizehn), Blatt fiederspaltig.

524. **S. viscosus**, Klebriges-K. ⊙, 6—10. Blätter drüsenhaarig-klebrig. An dem Steinbruch am Hellenberg, an dem „Steinern-Kreuz" bei Ruppertsburg.

525. **S. silvaticus**, Wald-K. ⊙, 7—8. Blätter drüsenlos, aber stark spinnwebig-flaumig. In Wäldern und an Wegrändern häufig. (An der Strasse nach Freienseen.)

*** Randblumen meist fehlend, alle Blätter fiederspaltig.

526. **S. vulgaris,** Gemeines-K. ⊙, 3—12. Köpfchen klein, in gedrängten Doldentrauben. Gemeines Unkraut in Gärten, auf Äckern und Schutt.

†† Hüllchen zwei- bis dreireihig, Reihen gleichhoch.

262. Doronicum, Gemswurz.

527. **D. austriacum,** Österreichische-G. ♃, 7—8. Ohne Ausläufer, Stengelblätter herzförmig. Nicht wild im Gebiet, nur angepflanzt. (Schlossgarten.)

263. Arnica, Wohlverleih.

528. **A. montana,** Berg-W. ♃, 6—7. Stengel bis 60 cm hoch, ein bis drei grosse Köpfchen und ein Paar gegenständige, verkehrt eirunde Blätter tragend. Findet sich im Solms'schen Herbarium von der Zwillingsseife stammend, wurde indessen an diesem Standort in den letzten Jahren nicht gefunden.

††† Hüllchen mehrreihig, Reihen ungleich hoch. (Dachziegelig.)

264. Pulicaria, Flohkraut.

529. **P. vulgaris,** Gemeines-F. ⊙. 7—8. Bis 30 cm hoch, Strahlblüten kurz, die schmalen Blätter nebst dem ästigen Stengel zottig. Scheint gänzlich im Gebiet zu fehlen, obwohl H. R. dieselbe als „gemein" bezeichnet.

265. Solidago, Goldrute.

530. **S. virgaurea,** Gemeine-G. ♃, 7—8, Stengel beblättert, bis 1 m hoch, an der Spitze mit aufrechter, rispiger- oder einfacher (gedrängter) Traube, Blatt eiförmig oder lanzettförmig, gesägt. Überall an Abhängen und sonnigen Waldrändern (Ramsberg, Buchwald, Eichberg).

β. Strahlblüten *schmutzigweiss* (sehr kurz und mehrreihig), Scheibenblüten *gelb*.

266. Erigeron, Berufskraut.

531. **E. canadensis,** Kanadisches-B. Aus Kanada stammend. ⊙, 7—8. Stengel bis 1 m hoch, mit zahlreichen kleinen Köpfchen in länglicher Rispe. Blatt lineal-lanzettlich. Unkraut in Wald und Feld. (Am Ramsberg, um die Friedrichshütte u. a. a. O.)

B. Fruchtkranz fehlt (oder höchstens ein kleiner Rand vorhanden).

†Strahlblüten *weiss* (bei Anthemis tinctoria *gelb*), Scheibenblüten *gelb*.

* Stengel beblättert.

α. Blütenboden mit Spreublättchen besetzt.

267. Achillea, Schafgarbe.

(Blütenboden nicht gewölbt.)

532. **A. ptarmica**, Bertram- oder Sumpf-Sch. ♃, 7—9. Blatt lanzettlich, ungeteilt, klein gesägt. An feuchten Gräben sehr häufig. (Steinbach.)

533. **A. millefolium**, Gemeine-Sch. ♃, 6—11 (öfters *rötlich*). Blätter doppelt fiederteilig, im Umriss lang lanzettlich. Auf Wiesen und in Strassengräben gemein.

534. **A. nobilis**, Edle-Sch. ♃, 8. Blatt im Umriss oval oder länglich oval, sonst der vorigen ähnlich. Findet sich im Solms'schen Herbarium vom Ringelsberg stammend (ebenso bei H. R.), scheint aber von diesem Standort verschwunden zu sein, denn sie wurde seit den letzten Jahren dort nicht gefunden.

268. Anthemis, Hundskamille.

(Blütenboden hoch gewölbt.)

535. **A. arvensis**, Acker-H. ⊙ und ⊙, 5—10. Blütenboden kegelförmig „markig." Blatt doppeltfiederteilig mit lineallanzettlichen, zugespitzten Zipfeln, Stengel ästig, 25 cm bis 30 cm hoch, Pflanze weichhaarig. Gemeines Unkraut auf Äckern und Wegen.

536. **A. cotula**, Stinkende-H. ⊙, 7—9. Blatt fast kahl (beim Reiben widerlich riechend), sonst der vorigen ähnlich und an gleichen Orten mit ihr.

537. **A. tinctoria**, Färber-H. ♃, 7—8. *Gelb*. Fruchtboden halbkugelig. Blatt doppelt fiederspaltig, unterseits graufilzig. In Ruppertsburg. (Süd-West-Abhang.)

β. Blütenboden kahl.

269. Matricaria, Mutterkraut.

(Blütenboden kegelförmig gewölbt, hohl.)

538. **M. chamomilla**, Gemeine- oder echte-Kamille. ⊙, 6—18. Wohlriechend. Auf Saatäckern und wüsten Plätzen sehr häufig.

270. Chrysanthemum, Wucherblume.

(Blütenboden flach.)

539. **Ch. leucanthemum**. ♃, 5—7. Blatt einfach, gekerbt — gesägt. Auf Wiesen gemein.

540. **Ch. inodorum,** Geruchlose- oder falsche-Kamille. (Der Kamille ähnlich.) Blatt zwei- bis dreifach fiederteilig mit fadenförmigen Zipfeln. Ackerunkraut (Kleeäcker), häufig.

** Blütentragender Stengel blattlos.

271. Bellis, Gänseblümchen oder Marienblümchen.

541. **B. perennis,** Gemeines-G. ♃, 3—10. Scheibenblüten *weiss* oder *rot.* Auf Wiesen gemein.

C. Strahlblüten weit hervorstehend. *Gelb.*

272. Rudbeckia, Rudbeckie.

(Aus Nord-Amerika stammend.)

542. **R. laciniata,** Geschlitzte-R. ♃, 9. Scheibenblüten *bräunlich.* Blütenboden kegelförmig. Stengel bis 1,75 m, ästig, untere Blätter fiederspaltig, die mittleren fast dreiteilig. An der Horloff bei dem Jägerhause verwildert.

Angepflanzt findet sich: **Helianthus,** Sonnenblume.

273. (543.) **H. annuus,** Gemeine-S. ⨀, 7—8. Aus Peru stammend.
(544.) **H. tuberosus,** Topinambur. ♃ (blüht kaum im Gebiet?), aus Brasilien. War einige Jahre hindurch bei Utphe angebaut und ist von da her häufiger mit in die Klasse gebracht worden.

---

79. Familie: Kardengewächse. (IV, 1.)

I. Zwischen den Blüten hakige, überragende Spreublättchen.

274. Dipsacus, Karde.

545. **D. silvestris.** ⊙, 7—9. *Weiss* oder *lila,* bis 1,6 m hoch, Stengel, Blattmittelrippe, Blattstiel und Hüllblätter stachelig, Fruchtboden kegelförmig, Blätter sitzend, lang lanzettlich. In Ruppertsburg, Süd-West-Abhang.

II. Blütenboden nackt oder mit kurzen Spreublättchen.

275. Scabiosa, Knopfblume.

546. **S. arvensis,** Acker-K. ♃, 7—8. *Rot.* Bis 60 cm hoch, behaart. Blätter vielgestaltig, meist ungeteilt, oft auch fiederspaltig. Krone vierteilig. Auf Wiesen und an Wegrändern häufig.

547. **S. succisa,** Wiesen-Teufelsabbiss. ♃, 8—9. *Blau* (selten *rot* oder *weiss.*). Fast kahl, Blätter ganzrandig, Wurzelblätter eirund-länglich, Stengelblätter lanzettlich. Der Stengel am Grunde wie abgebissen. Auf Wiesen sehr häufig. (Gegenüber der alten Ziegelhütte.)

548. **S. columbaria,** Gemeine- oder Tauben-K. ♃ oder ⊙, 6—10. *Violett* (bis *blaurot*). Wurzelblätter ungeteilt oder leyerförmig, untere Stengelblätter leyerförmig, die oberen tief fiederspaltig, schmal, dreizipfelig. Krone fünfteilig. Nicht selten auf Wiesen und an sonnigen Hängen. Wege nach dem Tiergärtnerteich (am Walde her), ebenso an den Abhängen der Strasse zum Jägerhaus u. a. a. O.

80. Familie: Baldriangewächse. (III, 1.)

276. Valeriana, Baldrian.

549. **V. dioïca,** Kleiner-B. ♃, 5—6. *Weiss* oder *blassrot.* Bis 30 cm hoch. Wurzelblätter ungeteilt, Stengelblätter fiederspaltig. Auf feuchten Wiesen und an Waldwegen häufig.

550. **V. officinalis,** Gemeiner-B. oder Katzenkraut. ♃, 5—8. *Fleischrot.* Starkriechend, bis 1,5 m hoch. Alle Blätter fünf- bis zehnpaarig gefiedert. An der Wetter (Steinbach, Helle) um den Tiergärtnerteich (Wannwiese) häufig.

277. Valerianella, Feldsalat. (Nüsschen.)

551. **V. olitoria,** Gemeiner-F. ⊙, 3—5. *Bläulichweiss.* Frucht fast kugelig, seitlich flach gedrückt, ohne Kelch. Auf Wegen und Äckern gemein.

552. **V. dentata,** Gezähnter-F. ⊙, 6—8. *Bläulichweiss.* Frucht kugelig-eiförmig mit fünf Riefen, Kelchmündung dreizähnig. Unter der Saat als Unkraut nicht selten. (Gombach.)

Zweite Klasse:

Einsamenlappige Pflanzen.

81. Familie: Knabenkrautgewächse. (XX, 1.)

278. Orchis, Knabenkraut.

I. Knollen ungeteilt.

* Sporn aufsteigend oder wagrecht. (*Purpurn,* oft *grün* geadert, Lippe dunkler gefleckt.)

553. **O. morio,** Gemeines-K. ♃, 4—5. Bis 30 cm hoch. Blatt grün, seitliche Perigonblätter dicht angedrückt. Lippe seicht dreilappig. Auf allen Wiesen häufig.

554. **O. mascula**, Männliches-K. ♃, 5—6. (Bis 50 cm hoch.) Blatt und Stengel rotbraun punktiert, seitliche Perigonblätter abstehend, Lippe tief dreilappig, An gleichen Orten mit der vorigen und ebenso häufig.

** Sporn abwärts gerichtet. (Blätter lanzettlich-lineal.)

555. **O. coriophora**, Wanzen-K. ♃, 5—6. (Bis 30 cm hoch.) Ähre walzig. *Purpurn, grün* und *braunscheckig*. Wanzenartig riechend. Häufig am Nordwestrand der unteren Zwillingsseife, ebenso im Halgarten.

556. **O. ustulata**, Kleinblütiges-K. ♃, 5—6. (Bis 20 cm hoch.) Ähre dicht walzig, oben *schwarzbraun*, kleinblütig. Am oberen Ende der „Belle-vue" (Friedrich, Graf zu Solms).

II. Knollen handförmig gespalten. (Glückshändchen genannt.)

557. **O. maculata**, Geflecktes-K. ♃, 5—6. (Bis 60 cm hoch.) Ähre walzlich. *Weiss* oder *lila*. Stengel markig. Blatt dunkelbraun fleckig, lanzettlich. Auf lichten Waldstellen (um die Zwillingsseife), auf Waldwiesen häufig.

558. **O. latifolia**, Breitblätteriges-K. oder Kukuksblume. ♃, 5—6. (Bis 30 cm hoch.) *Hell-* bis *dunkelrot*. Stengel hohl, dicht beblättert, die unteren Blätter oval, oft braun gefleckt. Auf Wiesen rundum häufig. (Tiergarten.)

279. Gymnadenia, Nacktdrüsenständel.

559. **G. conopsea**, Fliegenblütiger-N. ♃, 6—7. *Rot* (auch nicht selten *weiss*). (Bis 60 cm hoch.) Sporn dünn, gekrümmt, doppelt so lang, wie der Fruchtknoten. Auf Wiesen — Zwillingsseife, Wiesen an der Hegbrücke, Hexenwiese, im Eichberg — häufig.

280. Platanthera, Breitkölbchen.

560. **P. bifolia**, Zweiblätteriges-B. 5—7. *Weiss*. (Wohlriechend.) Der Stengel trägt unten zwei gegenständige, verkehrt eiförmige Blätter, Sporn fadenförmig, etwa dreimal länger, als der Fruchtknoten. In den Laubwaldungen nicht selten. (Wald nach Nonnenroth.)

281. Neottia, Nestwurz oder Vogelnest.

561. **N. nidus avis**, Gemeines-V. ♃, 6—7. *Gelbbraun*, ebenso die blattlose Pflanze. Wurzeln walzig, büschelig gehäuft. (Vogelnest.) Unter Buchen häufig.

282. Cephalanthera, Kopfständel oder Waldvögelein.

I. Perigon weiss.

562. **C. ensifolia**, Schwertblätteriges-W. ♃, 5—6. Deckblätter (mit Ausnahme der unteren) viel kürzer, als der Fruchtknoten. Blätter lanzettlich. In den Buchenwaldungen rundum häufig. (Kaff.)

563. **C. pallens (grandiflora),** Blasses-W. ♃, 5—6. *Gelblichweiss.* Deckblätter länger, als der Fruchtknoten. Blatt elliptisch. Untermischt mit voriger. (Kisselsbach.)

II. Perigon *hellrot.*

564. **C. rubra,** Rotes-W. ♃, 6—7. Blätter lanzettlich, sonst der vorigen ähnlich. Soll nach H. R. (Seite 368) auf der Zwillingsseife vorkommen, wurde aber auf Exkursionen noch nicht gesammelt.

283. Epipactis, Sumpfwurz.

565. **E. latifolia,** Breitblätterige-S. ♃, 5—6. *Grünlich,* Lippe *rot,* dicht traubig. Blätter breit, oval und lang. Ganze Pflanze oft dunkelrot überlaufen. (**E. rubiginosa,** Rotbraune-S.) Beide Formen in den Laubwaldungen nicht selten, aber vereinzelt. Um die Engelsburg, im Ziegenberg, im Buchwald (am Fusspfad nach Freienseen) u. a. a. O.

284. Listera, Zweiblatt.

566. **L. ovata,** Eiblätteriges-Zw. ♃, 5—6. *Grüngelb.* Unterlippe herabhängend, tief zweispaltig. Blätter eiförmig gegenständig. Waldränder häufig (Nordwestrand der Zwillingsseife, im Ramsberg).

285. Spiranthes, Drehling.

567. **S. autumnalis,** Herbst-D. ♃, 8—9. *Weiss.* Ähre schraubig gedreht, nickend. Auf der Wiese im Laubacher Pflanzgarten (Schlagmüllerseife).

---

82. Familie: Narzissengewächse. (VI, 1.)

286. Galanthus, Schneeglöckchen.

568. **G. nivalis,** Gemeines-Sch. ♃, 2—3. *Weiss.* Schaft einblütig (bis 15 cm hoch). Blatt lineal. Findet sich in dem Solms'schen Herbarium als bei L. gefunden, doch ohne genauere Standortsangabe. In Gärten (Hain) häufig angepflanzt.

287. Leucojum, Knotenblume, Märzblume.

569. **L. vernum,** Frühlings-K. ♃, 2—3. *Weiss,* Perigonzipfel *grün* und verdickt, Stengel einblütig, Blatt lanzettlich. Zwischen Steinen der Horloff, oberhalb des Jägerhauses, am Wenzelskopf, ausserdem nahe der nördlichen Grenze des Gebiets am Judenrain (Friedrich, Graf zu Solms), und ist in Gärten häufig angepflanzt.

Die den Familiennamen bestimmende Narzisse (Narcissus), aus Süd-Deutschland stammend, findet sich nicht wild im Gebiet, aber häufig als Zierpflanze in Gärten.

83. Familie: Schwertliliengewächse. (III, 1.)

288. Iris, Schwertlilie.

570. **I. pseudacorus**, Sumpf- oder Wasser-Sch. ♃, 6—7. *Gelb*. In den Bächen des Gebietes nicht selten. (Abfluss aus dem früheren Obersee.)

Zahlreiche weitere Arten, *blau* und *weiss* blühend, finden sich als Zierpflanzen in den Gärten, ebenso die hierher gehörigen Gattungen: Safran (**Crocus**) und Siegwurz (**Gladiolus**).

84. Familie: Liliengewächse. (VI, 1.)

289. Gagea, Gilbstern.

I. Pflanze mit 1 grundständigen Laubblatt.

571. **G. pratensis (G. stenopetala)**, Wiesen-G. ♃, 4. *Gelb*. Zwiebeln zu drei. Auf Äckern und Wiesen häufig.

572. **G. lutea**, Gelber-G. ♃, 4—5. *Gelb*. Nur eine feste Zwiebel. In Wäldern und Gebüsch. (Um die Bingmühle.)

II. Pflanze mit 2 grundständigen Laubblättern.

573. **G. arvensis**, Acker-G. ♃, 3—4. *Gelb*. Zwei Zwiebeln in gemeinsamer Scheide. Auf Äckern häufig.

290. Allium, Lauch.

574. **A. sphärocephalum**, Rundköpfiger-L. ♃, 6—7. Bis 60 cm hoch. *Rosa*. Dolde kugelig, vielblütig, ohne Zwiebelchen zwischen den einzelnen Blüten. Staubblätter länger als das Perigon, dreizipfelig, der mittlere Zipfel trägt den Staubbeutel. Blatt halbstielrund, rinnig. Findet sich zwischen Wetterfeld und dem Hammer an der Staatsstrasse vor dem Lohwäldchen in einem Graben, der quer zur Strasse zieht.

Zum Küchengebrauch in Gärten: **A. cepa** — Zwiebel, **A. schönoprasum** — Schnittlauch, **A. fistulosum** — Winterzwiebel, **A. porrum** — Lauch, **A. sativum** — Knoblauch (Abart davon: die Perlzwiebel.)

291. Tulipa, Tulpe.

575. **T. silvestris**, Wilde-T. ♃, 4—5. *Gelb* (selten blühend, einzeln). Blatt schmal-lineal, meist ein einziges. Unter einer Baumgruppe am Eiskeller im Schlossgarten. (Wild?)

Zahlreiche Spielarten der **T. gesneriana**, Garten-T., finden sich in Gärten.

Von weiteren Gattungen dieser Familie finden sich, als Zierpflanzen, in Gärten:

292. (576.) **Lilium**, Lilie.
L. **bulbiferum** — Feuerlilie (*rot*), L. **martagon** — Türkenbund (*fleischrot*, dann *braun punktiert*), L. **candidum** — Weisse Lilie (*weiss*).

293. (577.) **Fritillaria imperialis**, Kaiserkrone. (*Gelbrot.*)

294. (578.) **Muscari racemosum** (*dunkelblau*), Trauben-Hyacinte.

295. (579.) **Hyacinthus orientalis**, Garten-Hyacinte, in zahlreichen Farb-Spielarten.

85. Familie: Spargelartige Gewächse.

296. Convallaria, Maiblume. (VI, 1.)

580. C. **majalis**, Wohlriechende-M. ♃, 5—6. *Weiss.* Häufig in den Laubwäldern. (Eichberg, Wald nach Röthches, an der „langen Wiese", an der Strasse nach dem Jägerhaus u. a. a. O.)

581. C. **verticillata**, Wirtelblätterige-M. ♃, 5—6. *Weissgrün.* Blätter in Quirlen lanzettlich-lineal. Im Buchwald nicht selten. (Nord-West-Abhang des Freienseener Pfades.)

582. C. **polygonatum**, Salomonssiegel. ♃, 5—6. *Weissgrün.* Blätter eilänglich oder elliptisch, abwechselnd, halbstengelumfassend. In der Kisselsbach, im Seenkopf. (Roth.)

297. Majanthemum, Schattenblume. (IV, 1.)

583. M. **bifolium**, Zweiblätterige-Sch. ♃, 5—6. *Weiss.* In Wäldern häufig. (Ziegelhüttergraben u. a. a. O.)

298. Paris, Einbeere. (VIII, 4.)

584. P. **quadrifolia**, Vierblätterige-E. ♃, 5—6. *Grünlich.* Beere schwärzlich. An schattigen Stellen in den Laubwaldungen (am Hausplatz, im unteren Wildfrauberg häufig, kommt auch mit fünf Blättern vor).

Die den Namen der Gattung bestimmende: Spargel,
298a. (**Asparagus officinalis**) findet sich nur in Gärten, der fleischigen Stocktriebe halber angebaut.

86. Familie: Zeitlosengewächse.

299. Colchicum, Herbstzeitlose. (VI, 3.)

585. C. **autumnale**, Gemeine-H. ♃, 8—9. *Bläulich* oder *fleischrot.* Auf Wiesen gemein.

87. Familie: Simsen- oder Binsengewächse. (VI, 1.)

300. Juncus, Simse oder Binsengras.

I. H. blattlos, stielrund. (Blüten in seitlicher Spirre von einem scheinbar gipfelständigen, pfriemlichen Deckblatt überragt.

† H. unterbrochen markig (leiterförmig).

586. J. **glaucus**, Blaugrüne-S. ♃, 7—8. H. gerillt, steif, *blaugrün*, (bis 60 cm hoch.) An feuchten Stellen häufig (Steinbach.)

†† H. ununterbrochen (dicht) markig.

587. J. **effusus**, Flatter-S. ♃, 6—7. H. *grasgrün* (bis 1 m hoch), Spirre ausgebreitet. Nasse Gräben gemein. (Steinbach).

588. J. **conglomeratus**, Knäuel-S. ♃, 6—7. Blüten in dicht gedrängtem, knäuelartigem Köpfchen, sonst der vorigen ähnlich. An feuchten Gräben und in Wassertümpeln (am Schmelzpfädchen, am alten Steinbruch) gemein.

II. H. beblättert, Blütenrispe endständig, ausgebreitet.

* Blatt rinnig.

589. J. **compressus**, Zusammengedrückte-S. ♃, 7—8. H. flach, trägt in seiner Mitte ein lineal-rinniges Blatt. Um die Teiche des Horloffthales, Gräben im Wetterauer Grund u. a. a. O.

590. J. **bufonius**, Kröten-S. ⊙, 7—8. H. stielrund, zart, dichtrasig (bis 25 cm hoch). Auf feuchten Äckern gemeines Unkraut.

** Blatt stielrund, zeigt deutliche Quergliederungen.

591. J. **articulatus**, Glieder-S. ♃, 7—8. In feuchten Gräben und auf sumpfigem Boden sehr gemein.

J. **lamprocarpus**, Glanzfrüchtige-S., J. **silvaticus**, Wald-S., *braun* (an der ersten Strassenbrücke nach Schotten), sind wohl nur Abarten von Nr. 591.

301. Luzula, Hainsimse.

I. Blüten an den Ästen einer verzweigten Spirre.

592. L. **pilosa**, Behaarte-H. ♃, 4—5. *Braun* (bis 30 cm hoch). Blätter lanzettlich, langhaarig bewimpert, Blüten einzeln. Im Walde überall gemein.

593. L. **albida**, Weissblühende-H. ♃, 6—7. *Gelblichweiss* (bis 60 cm hoch), Blüten meist zu vier in Büscheln, sehr zusammengesetzte Spirre. An feuchten Stellen in den Wäldern häufig. (Um den Laubacher Forstgarten.)

Anmerkung: H. bedeutet Halm, sp. bedeutet Spelze.

II. Blüten in eirunden Ährchen oder Köpfchen, gehäuft.

594. **L. campestris**, Gemeine-H. ♃, 3—5. *Braun.* Ährchen nickend. Auf Wiesen gemein.

Die bis 60 cm hohe Form mit aufrechten Köpfen **L. multiflora** ist wohl nur Abart. (Findet sich ebenfalls im Gebiet.)

---

88. Familie: Ächte- oder Süssgräser.

1. Abteilung: Blüten einhäusig.

302. Zea, Mais. (XXI, 3.)

595. **Z. mais**, Welschkorn. ⊙, 6—8. Aus Amerika stammend. Hie und da auf Feldern angebaut.

2. Abteilung: Blüten zwitterig. (III, 2. Mit Ausnahme von 304 u. 320.)

I. Ährchen sitzen in Ausschnitten des Halmes (der Spindel).

* Ährchen einblütig.

303. Hordeum, Gerste.

(Ährchen zu drei.)

Angebaut:

596. **H. vulgare**, Gemeine- oder vierzeilige-G. ⊙, 6—7. Ähre vierzeilig.
597. **H. hexastichum**, Sechszeilige-G. ⊙, 6—7. Ähre sechszeilig.
598. **H. distichum**, Zweizeilige-G. ⊙, 6—7. Ähre zweizeilig.

Wildwachsend:

599. **H. murinum**, Mäuse-G, ⊙, 6—8. Ährchen lang begrannt. Pflanze bis 30 cm hoch. Findet sich in dem Solms'schen Herbarium als bei L. gesammelt, scheint indessen jetzt ganz zu fehlen.

304. Nardus, Borstengras. (III, 1.)

(Ährchen einzeln, in einseitig fadenförmiger Ähre.)

600. **N. stricta**, Steifes-B. ♃, 5—6. H. bis 30 cm, Blatt steif borstlich, in dichten Rasen. Zwillingsseife, Fallthorhaus. (Roth.)

** Ährchen zweiblütig (zwischen beiden gestielter Ansatz zur dritten Blüte).

305. Secale, Roggen.

(Angebaut.)

601. **S. cereale**, Gemeiner-R. ⊙, 5—6. H. bis über 2 m hoch werdend.

*** Ährchen drei- bis mehrblütig.

α. Ährchen mit dem Rücken zur Spindel gekehrt.

306. Lolium, Lolch.

602. **L. perenne,** Englisches-Raygras. ♃, 6—8. Bis 50 cm hoch. Decksp. kürzer (oder höchstens ebenso lang), als das Ährchen. Auf Grasstücken in Gärten angebaut und auf begrasten Wegen häufig. (Strasse nach Wetterfeld.)

603. **L. temulentum,** Taumel-L. ⊙, 6—7. Bis 1 m hoch. Decksp. länger, als das Ährchen. Unkraut unter Getreide, nicht selten.

β. Breite Seite des Ährchens der Spindel zugekehrt.

307. Triticum, Weizen.

Angebaut.

604. **T. vulgare,** Gemeiner-W. ⊙, 5—7. H. bis 1,5 m hoch. Variiert: als begrannter (Grannen-W.) und unbegrannter (Kolben-W.)

Wildwachsend (Unkraut).

605. **T. repens,** Quecke. ♃, 6—7. Wurzelstock weithin kriechend. Blütensp. kurz oder nicht begrannt, nur die Nerven auf der Blattoberseite rauh. (Bis 1,25 m hoch.) Gemeines Unkraut in Gärten, auf Grasplätzen und an Zäunen.

606. **T. caninum,** Hunds-W. ♃, 6—7. Wurzelstock nicht kriechend. Blütensp. lang begrannt, Blatt beiderseits rauh. Unkraut an Zäunen, nicht selten. (In der Laubach.)

II. Ährchen mehr oder weniger lang gestielt.

A. Ährchen einblütig.

* Blütenstand eine dichte Ähre.

308. Setaria, Borstenhirse.

(Am Grunde des Blütenstieles grannenförmige, hervorragende Hüllborsten.)

607. **S. viridis,** Grüne-B. ⊙, 7—8. Hüllborsten *grün.* Häufiges Unkraut auf Äckern (um den Ramsberg.)

608. **S. glauca,** Gelbhaarige-B. ⊙, 7—8. Hüllborsten *gelb.* Ackerunkraut. (In der Gombach, an dem Wege nach Lauter.)

309. Phleum, Lieschgras.

(Decksp. quer abgestutzt, in eine kurze steife Granne zusammengezogen.)

609. **Ph. pratense,** Wiesen-L. ♃, 5—8. Bis 1 m hoch. Decksp. auf dem Rücken steifborstig, gewimpert. Auf allen Wiesen häufig.

310. Alopecurus, Fuchsschwanz.

(Decksp. stumpf oder zugespitzt, auf dem Rücken begrannt.)

1. H. gerade aufrecht.

610. **A. pratensis**, Wiesen-F. ♃, 5—6 und 8—9. Bis 1 m hoch. Decksp. nur unterhalb der Mitte verwachsen. Äste der Rispenähre mit je vier bis sechs Ährchen. Auf allen Wiesen häufig.

611. **A. agrestis**, Acker-F. ⊙, 6—7. Bis 50 cm hoch. Decksp. bis über die Mitte verwachsen. Rispenähre dünn, Äste mit je ein bis zwei Ährchen. Nicht häufig. An dem Wege nach Freienseen. (Roth.)

2. H. unten knieförmig gebogen, dann aufsteigend. (Ähre kurz und dünn.)

612. **A. geniculatus**, Geknieter-F. ⊙, 5—8. Bis 30 cm hoch. Spelze unter der Mitte begrannt, die Granne doppelt so lang, wie die Spelze. Staubbeutel *gelblichweiss*. An sumpfigen Orten zerstreut. (In Tümpeln bei der alten Ziegelhütte.)

613. **A. fulvus**, Rotgelber-F. ⊙, 5—8. Sp. in der Mitte begrannt, Granne kaum länger, als die Sp. Staubbeutel *rotgelb*. Nicht selten um L. in feuchten Gräben, an den Schlossteichen u. a. a. O.

311. Phalaris canariensis siehe Nr. 313.

** Blütenstand eine Rispe.

312. Leersia, Reisgras.

(Rispe abstehend.)

614. **L. orizoides**, Gemeines-R. ♃, 8—9. Bis 60 cm hoch. Blütensp. auf dem Rücken gewimpert, Deckspelzen fehlen. In Wassergräben zerstreut. (An den Gräben vor dem Freienseener Walde.)

313. Phalaris, Glanzgras.

(Grannenlos.)

615. **Ph. arundinacea**, Schilfartiges-Gl. ♃, 5—7. Bis 2 m hoch. Rispe abstehend, mit büschelig gestellten Ährchen. Blätter breit. In der Wetter häufig. Eine Spielart mit weiss und grün gestreiften Blättern findet sich unter dem Namen „Bandgras" häufig in Gärten.

616. **Ph. canariensis**, Kanarisches-Gl. ⊙, 6—8. Bis 1 m hoch. Blütenstand eine eirunde Ähre, Decksp. mit ganzrandigem Rückenflügel. Die Samen dienen als Futter für Singvögel. Die Pflanze findet sich im Schlossgarten in der Nähe des Vogelbauers.

6

314. **Panicum**, Hirse.

(Begrannt.)

617. **P. crus galli**, Hühner-H. ⊙, 7—8. Rispe aus einseitigen, zusammengesetzten Ähren gebildet. H. bis 1 m hoch. Unkraut um die Schäferei. (Roth.)

315. **Milium**, Flatterhirse.

(Grannenlos.)

618. **M. effusum**, Waldhirse oder Fl. ♃, 5—6. Rispe wagrecht ausgebreitet, dünnstielig. In Wäldern. (Um die Engelsburg häufig.)

316. **Agrostis**, Straussgras.

(Grannenlos.)

619. **A. vulgaris**, Gemeines-St. ♃, 6—7. Bis 40 cm hoch. Rispe länglich-eiförmig, stets ausgebreitet. Blatthäutchen sehr kurz, abgestutzt. Auf Wiesen und Triften gemein. (Wetterufer.)

Eine Form mit kriechenden Ausläufern wird als **A. stolonifera** anfgeführt. Häufig.

620. **A. alba**, Weissliches-St. (oder Fioringras). ♃, 6—7. Bis 1 m hoch. Rispe kegelförmig, nach dem Verblühen zusammengezogen. Blatthäutchen zugespitzt, länglich. An gleichen Orten mit der vorigen gemein.

317. **Apera**, Windhalm.

(Blüten unter der Spitze mit zarter, langer Granne.)

621. **A. spica venti**, Gemeiner-W. ⊙, 6—7. Bis 1 m hoch. Blatt flach, Rispe ausgebreitet. Häufiges Unkraut unter Getreide und in Kleeäckern.

318. **Calamagrostis**, Reitgras.

(Blütensp. am Grunde mit einem Kranze langer Haare.)

622. **C. arundinacea**, Waldrohr. ♃, 7—8. Bis 1,25 m hoch. Blatt breit, Rispe dichtblütig. Granne gekniet, weit über die Blütensp. hervorragend, Haare viel kürzer, als die Sp. Auf lichten Plätzen im Walde häufig. (Um die Zwillingsseife, Grenzweg zwischen Lauter- und Wetterthal.)

623. **C. epigeios**, Bergschilf. ♃, 7—8. Bis 1,5 m hoch. Rispe geknäuelt. Granne gerade, wird von den langen Haaren der Blütensp. überragt. An gleichen Orten mit der vorigen.

B. Ährchen mehrblütig.

*Blütenstand eine dichte Ähre.

319. **Cynosurus**, Kammgras.

(Ährchen einseitig.)

624. **C. cristatus**, Gemeines-K. ♃, 6—7. Bis 60 cm hoch. Am Grunde jedes Ährchens eine doppelt kammförmig eingeschnittene Sp. (Ein taubes Ährchen.) Auf Wiesen und in Strassengräben häufig.

320. **Anthoxanthum**, Ruchgras. (II,2.)

(Ährchen dreiblütig, nur das mittlere ist fruchtbar.)

625. **A. odoratum**, Gelbes-R. ♃, 5—6. Wohlriechend. Rispe locker, zur Blütezeit etwas ausgebreitet (bis 40 cm hoch). Auf Wegen und Wiesen häufig. (Um die städtische Ziegelei, am roten Stahl.)

** Blütenstand eine walzenförmige, wenig ausgebreitete Rispe (Rispenähre).

321. **Köleria**, Kammschmiele. (Grannenlos.)

(Rispenähre am Grunde unterbrochen.)

626. **K. cristata**, Gemeine-K. ♃, 6—7. Bis 40 cm hoch. Blattoberseite flaumhaarig, am Rande gewimpert. Nicht häufig im Gebiet: Auf dem Ramsberg, an der Horloffsmühle, an der Strasse zwischen Lauter und Grünberg.

*** Blütenstand eine Rispe.

α. Blütenspelzen mit langer Granne.

322. **Arrhenatrum**, Glatthafer.

(Untere Blüte mit gedrehter, geknieter, langer, rückenständiger Granne, obere Blüte kurz begrannt)

627. **A. elatius**, Hoher-Gl. oder Französisches Raygras. ♃, 7—8. Bis 1,25 m hoch. Auf Wiesen, an Hecken und Wegrändern gemein.

323. **Avena**, Hafer.

(Ährchen zwei- bis fünfblütig, Decksp. fast so lang, wie das Ährchen, untere Blütensp. an der Spitze gespalten, auf dem Rücken eine am Grunde gedrehte Granne tragend.)

I. Ährchen zwei- bis dreiblütig, nach dem Verblühen hängend.

* Angebaut.

628. **A. sativa**, Gemeiner-H. ⊙, 7—8. Zweiblütig, Rispe allseitswendig.
629. **A. orientalis**, Fahnen-H. ⊙, 7—8. Zweiblütig, Rispe einseitswendig, fahnenartig.

** Als Unkraut unter Getreide.

630. **A. fatua**, Wilder- oder Flug-H. ⊙, 7—8. Dreiblütig. Rücken des Ährchens von gelbroten Borsten struppig.

II. Ährchen zwei- bis fünfblütig, stets aufrecht. (Wiesengräser.)

631. **A. flavescens**, Gold-H. ♃, 6—7. Bis 60 cm hoch. Dreiblütig. Ährchen *gelblich*. Blatt flach, kurzhaarig. Auf Wiesen häufig.
632. **A. pubescens**, Weichhaariger-H. ♃, 5—6. Bis 1 m hoch. Zwei- bis dreiblütig. Blatt flach, beiderseits nebst den Blattscheiden zottig behaart. Häufig auf Wiesen.

633. **A. pratensis,** Wiesen-H. ♃, 6—7. Bis 60 cm hoch. Vier- bis fünfblütig. Blatt gefaltet, kahl. Auf Grasplätzen und Wiesen häufig. (Einfirste.)
634. **A. caryophyllea,** Nelken-H. ⊙, 6—7. Höchstens 15 cm hoch. Zweiblütig. Blätter borstlich gerollt. Pflanze von *rötlichem* Ansehen. Rundum an steinigen, sonnigen Abhängen und auf Triften häufig.

324. Brachypodium, Zwenke.

(Ährchen vielblütig, fast sitzend, zweizeilig, untere Blütensp. an der Spitze begrannt.)

635. **B. silvaticum,** Wald-Z. ♃, 7—8. Bis 1 m hoch. Blatt schlaff, Stock rasig, Ähre überhängend. In Wäldern rundum häufig.
636. **B. pinnatum,** Gefiederte-Z. ♃, 7—8. Bis 1,25 m. Blatt breit, steif. Ähre aufrecht. Der vorigen ähnlich. An Waldrändern häufig. (Um den Steinbruch am Ramsberg.)

325. Bromus, Trespe.

(Ährchen vielblütig, gestielt, Decksp. kürzer, als die nächste Blüte, untere Blütensp. mit rücken- oder endständiger Granne. Rispe nicht einseitig.)

I. Granne etwa doppelt so lang, wie die Decksp.

637. **B. sterilis,** Taube-Tr. ⊙, 5—9. Bis 60 cm hoch. Rispe allseitswendig, locker, mit langen, an der Spitze hängenden Ähren. Auf Schutt, unfruchtbaren Stellen, begrasten Wegen gemein.
638. **B. tectorum,** Dach-Tr. ⊙, 5—6. Bis 30 cm hoch. Rispe einseitswendig, sonst der vorigen ähnlich (Abart?) An gleichen Orten und auf Mauern, häufig.

II. Granne etwa so lang, wie die Blütensp.

639. **B. secalinus,** Gemeine-Tr. oder Roggen-Tr. ⊙, 6—7. Bis 1 m hoch. Rispe nach dem Verblühen überhängend, Blatt kahl, Blütensp. stielrund, sich am Rande nicht deckend. Ährchen nach oben verschmälert. Grannen geschlängelt. Gemeines Unkraut unter Getreide.

Die beiden folgenden Nummern dürften Abarten von 639 sein. (?)

640. **B. arvensis,** Acker-Tr. ⊙, 6—7. Bis 30 cm. Blattscheiden etwas behaart. Blütensp. sich am Rande deckend. Ährchen kahl. An gleichen Orten mit der vorigen und gleich häufig.
641. **B. mollis,** Weiche-Tr. ⊙, 5—6. Bis 45 cm. Ährchen kurz gestielt, flaumhaarig, Rispe gedrungen. Auf Grasplätzen, an Wegen, unter der Saat gemeines Unkraut.

III. Granne kürzer, wie die Blütensp.

642. **B. asper,** Rauhe-Tr. ♃, 6—7. Bis 1,5 m hoch. Blatt und Blattscheiden rauhhaarig, Rispe schlaff überhängend. In Waldungen um das Jägerhaus, an den Wiesen des oberen Wetterthales.

326. Festuca, Schwingel.

(Ährchen vielblütig, Rispe einseitig, Decksp. kürzer, als die nächste Blüte.)

643. **F. gigantea,** Riesen-Sch. ♃, 6—8. Bis 1,5 m hoch (sehr ähnlich Nr. 642.) Blätter kahl, Granne doppelt so lang, wie die Blütensp. In Wäldern und Hecken nicht selten. (Lichte Waldstellen am Grenzweg zwischen Lauter- und Wetterthal, im Schlossgarten u. a. a. O.)

β. Granne fehlend, oder kaum aus den Ährchen hervortretend.

I. Halmblätter und Wurzelblätter borstenförmig,

644. **F. ovina,** Schaf-Sch. ♃, 5—6. Bis 60 cm hoch. Stock dicht rasig, Rispe aufrecht. Wegränder in der Steinbach und auf Waldwegen.

II. Halmblätter flach. Wurzelblätter borstlich. (Abarten von 644?)

645. **F. rubra,** Roter-Sch. ♃, 5—6. Bis 60 cm hoch. Stock kriechend. Ährchen oft rot überlaufen. Auf Grasflächen, an Waldrändern rundum häufig.

646. **F. duriuscula,** Verschiedenblätteriger-Sch. ♃. 5—6. Bis 1 m hoch, sonst sehr ähnlich Nr. 644. Auf dem Gaulskopf häufig.

III. Alle Blätter flach.

647. **F. elatior,** Hoher-Sch. ♃, 6—7. Bis 1 m hoch. Rispenäste meist zu zwei stehend, der eine sehr kurz, der zweite traubig, mit drei bis vier Ährchen. Auf Wiesen und an Hecken (Helle) häufig.

327. Poa, Rispengras.

(Ährchen „zusammengedrückt“ (zwei- bis fünfblütig), im Umriss „rhombisch-eiförmig.“ Rispe ausgebreitet.)

I. Untere Rispenäste einzeln oder zu zwei. (Pflanze ohne Ausläufer.)

648. **P. annua,** Jähriges-R. ⊙. Fast das ganze Jahr hindurch blühend, bis 25 cm hoch, Rispe einseitig, Ährchen länglich oval. Auf Feldern, in Gärten, zwischen Strassenpflaster, gemeines Unkraut.

649. **P. bulbosa,** Zwiebeliges-R. ♃, 5—6. Bis 30 cm hoch. H. am Grunde knollig verdickt. An sonnigen Plätzen in der Einfirste. (Roth.)

II. Untere Rispenäste zu fünf,

650. **P. compressa**, Zusammengedrücktes-R. ♃, 6—7. Bis 50 cm hoch. Stengel zweischneidig zusammengedrückt, am Grunde liegend, Ährchen eirund länglich. Rispe gedrängt, meist einseitig. An und auf alten Mauern gemein. (Schlossgartenmauer überall.)

Die drei folgenden Arten sind im Gesammtansehen einander sehr ähnlich, Rispe ausgebreitet, Höhe bis zu 1 m, Ährchen drei- bis fünfblütig, im Umriss rautenförmig, häufig (teils auf Wiesen, teils in Gebüsch).

651. **P. nemoralis**, Hain-R. ♃, 6—7. Oberstes Blatt „länger," als die Blattscheide, Blatthäutchen „kurz."

652. **P. trivialis**, Gemeines-R. ♃, 6—7. Oberstes Blatt „kürzer," als die Blattscheide, Blatthäutchen „lang" und spitz.

653. **P. pratensis**, Wiesen-R. ♃, 5—6. Oberstes Blatt „kürzer," als die Blattscheide, Blatthäutchen „kurz."

328. Glyceria, Süssgras oder Schwaden.

(Ährchen sieben- bis elfblütig, walzenförmig.)

654. **G. fluitans**, Flutendes-S. ♃, 6—8. Bis 1 m hoch. Rispe einseitswendig, Äste zur Blütezeit abstehend, später der Spindel angedrückt. In nassen Gräben und an seichten Stellen der Bäche des Gebietes gemein.

329. Briza, Zittergras.

(Rispe einseitig, Ährchen fünf- bis neunblütig, rundlich herzförmig, an langem, dünnem Stielchen (zitternd).

655. **B. media**, Mittleres-Z. ♃. 6—7. Bis 50 cm hoch. Rispe aufrecht, ausgebreitet. Auf Wiesen und Triften gemein.

330. Molinia, Blaugras.

(Ährchen dreiblütig, das oberste „taub". Pflanze bläulich, oder violett überlaufen.)

656. **M. cärulea**, Gemeines-Bl. ♃, 8—9. Bis 1,5 cm hoch. H. nur am Grunde mit einem Knoten. Auf den Wiesen nach der Zwillingsseife zu, und um die Horloffsmühle häufig.

331. Dactylis, Knäuelgras.

(Rispe einseitig mit knäuelartig gehäuften Zweigen.)

657. **D. glomerata**, Gemeines-K. ♃, 6—8. Bis 1,25 m hoch. Auf Wiesen und in Wäldern sehr häufig.

332. Melica, Perlgras.

(Ährchen ein- bis zweiblütig, eirund, rötlich, Rispe traubenförmig, einseitswendig.)

658. **M. uniflora**, Einblütiges-P. ♃, 5—6. Bis 30 cm hoch. Ährchen einblütig, aufrecht. An schattigen Stellen in den Buchenwaldungen. (Kisselsbach.)

659. **M. nutans**, Nickendes-P. ♃, 5—6. Bis 60 cm. Ährchen zweiblütig. Zwischen beiden ein keulenförmiger Ansatz zu einer dritten Blüte, hängend. Um das Jägerhaus. (Auf grasigen Wegen im Kirchberg.)

333. Triodia, Dreizahn.

(Ährchen drei- bis fünfblütig, eine zusammengezogene, traubige Rispe bildend.)

660. **F. decumbens**, Liegender-D. ♃, 6—7. Bis 30 cm hoch. Die untere Blütensp. an der Spitze dreizähnig. Nicht selten um das Jägerhaus. (Im unteren Teil des Halgartens, und von da aufwärts zum Sorgenlos im Walde zerstreut.)

334. Aira, Schmiele.

(Ährchen zweiblütig; fadenförmige, kurze Rückengranne. Pflanze violett angelaufen.)

661. **A. cäspitosa**, Rasen-Sch. ♃, 6—7. Bis 1,25 m. Dichtrasig. Blatt flach, oberseits rauh. Rispe weitschweifig. Granne nicht aus der Blüte hervortretend. Auf feuchten Wiesen, an Gräben gemein.

662. **A. flexuosa**, Geschlängelte-Sch. ♃, 5—8. Bis 60 cm hoch. Rispe abstehend, überhängend, mit schlängelich gebogenen Ästchen. Blatt stielrund (fädlich). Gekniete Granne länger, als die Blüte. Auf dürren Wiesen im Walde häufig.

335. Holcus, Honiggras.

(Weisslich oder rötlich angelaufen. Ährchen zweiblütig, obere Blüte eine kleine, gebogene Granne tragend.)

663. **H. lanatus**, Wolliges-H. ♃, 6—8. Bis 50 cm hoch. Pflanze flaumig behaart. Granne nicht aus der Blüte hervorragend. Rispe zur Blütezeit ausgebreitet, dann zusammengezogen. Eines der häufigsten Wiesengräser.

664. **H. mollis**, Weiches-H. ♃, 7—8. Bis 1 m hoch. Halmknoten dick, behaart, Blätter kahl. Die knieförmig nach aussen gebogene Granne überragt das Ährchen. Auf Waldwegen und in Gebüsch häufig.

336. Phragmites, Schilf.

(Ährchen vier- bis sechsblütig in grossen, bräunlichroten Rispen.)

665. **Ph. communis**, Gemeines-Schilfrohr. ♃, 7—8. Bis 3 m hoch. Ährenspindel mit langen, seidenartigen Haaren besetzt. In Wassergräben und Teichen. (In dem Graben vor dem Freienseener Walde, im Schlossteich.)

89. Familie: Sauergräser oder Seggen.

337. Heleocharis, Schlammbinse. (III, 1.)

666. **H. palustris**, Sumpf-Schl. ♃, 5—8. Bis 50 cm hoch. Der blütentragende, *bläulich-hellgrüne* H. endet mit einfachem Ährchen. Das unterste Deckblättchen umfasst das halbe Ährchen. In der Wetter (oberhalb der Gonterskircher Strassenbrücke.)

667. **H. uniglumis**, Einspelzige-Schl. ♃, 6—8. Bis 15 cm hoch. H. *grasgrün*.. Das unterste Deckblatt umfasst das ganze Ährchen, sonst der vorigen ähnlich. In der Wetter (obere Steinbach).

668. **H. acicularis**, Nadelförmige-Schl. ♃, 6—7, H. borstenförmig, bis 10 cm hoch. Findet sich im Solms'schen Herbarium, als „bei L." vorkommend, wurde bis jetzt nicht gefunden.

338. Scirpus, Binse. (III, 1.)

669. **S. lacustris**, Teich-B. ♃, 6—7. H. bis 2,5 m hoch, stielrund, blattlos, Ährchen büschelig gehäuft, *rostbraun*. Im Tiergärtnerteich häufig.

670. **S. silvaticus**, Wald-B. ♃, 6—7. H. bis 1,25 m hoch, beblättert, dreikantig, mit vielfach zusammengesetzter Spirre. In allen feuchten Gräben gemein.

339. Eriophorum, Wollgras. (III, 1.)

671. **E. latifolium**, Breitblätteriges-W. ♃, 4—5. Blatt flach, breit lineal, Wollborsten bis 2,5 cm lang. Dicht oberhalb des Jägerhauses (zur Rechten der Strasse nach Schotten).

672. **E. angustifolium**, Schmalblätteriges-W. ♃, 4—5. Blatt rinnig, lineal, gegen die Spitze dreikantig. Wollborsten an 4 cm lang. An der alten Ziegelhütte (nach der Zwillingsseife zu.)

*) 340. Carex, Riedgras oder Segge. (XXI, 3.)

(H. dreikantig, nicht hohl, ohne Knoten, Blatt ohne Blatthäutchen)

I. Alle Ährchen zu einer länglichen Hauptähre vereinigt,

α. Alle Ährchen zweigeschlechtig. (Der Stock dicht rasig.)

673. **C. vulpina**, Fuchsbraune-S. ♃, 5—6. Bis 60 cm hoch. *Lederbraun* mit *grünem* Nerv. H. dick, mit gerillten Seitenflächen. Blatt mehr als 2 mm breit, rinnig und schneidend scharf. An feuchten Gräben und sumpfigen Stellen des Gebietes.

---

*) Anmerkung. W. bedeutet: weiblich, M.: männlich. Die verblühten m. Ähren haben trockene, leere Bälge und sind meist *braun* bis *schwarz*.

674. **C. muricata**, Sperrfrüchtige-S. ♃, 5—6. 30 cm bis 50 cm hoch. *Hellbraun.* H. schlank mit ebenen Flächen, Blatt höchstens 2 mm breit. Auf Grasplätzen gemein.

675. **C. paniculata**, Rispige-S. ♃, 5—6. Bis 1 m hoch. H. mit ebenen Flächen. Blatt breit linealisch, flach, scharfrandig. Am Jägerhäuser Teich.

β. Die unteren und das oberste Ährchen w. die mittleren m. oder zweigeschlechtig.

676. **C. intermedia**, Mittelmännige-S. ♃, 5—6. 30 cm hoch. Stock kriechend. An feuchten Gräben und den Ufern der Bäche häufig.

γ. Alle Ährchen (1—3) eingeschlechtig. Obere männlich, untere weiblich.

677. **C. präcox**, Frühzeitige-S. ♃, 3—4. Bis 30 cm. Wurzelstock mit Ausläufern. Auf Wegen und trockenen Plätzen sehr gemein.

II. Ährchen zu kurzen, etwas entfernt stehenden Köpfchen zusammengedrängt,

α. Ährchen sehr klein, die unteren (oder alle) sehr weit von einander entfernt.

678. **C. remota**, Entferntährige-S. ♃, 5—6. H. schlank, schwach, bogig überhängend, Ährchen in den Achseln sehr langer Blätter. An feuchten Stellen der Buchenwaldungen und in nassen Gräben häufig. (In Gräben an dem Nordwestabhang des Ramsberges gemein.)

β. Ährchen kugelig, oder rundlich eiförmig (höchstens fünf), nicht weit von einander entfernt.

679. **C. stellulata**, Sternfrüchtige-S. ♃, 5—6. Ährchen drei- bis fünf, kugelig, alle zweigeschlechtig, etwas sternförmig aus einander stehend. Pflanze 15 cm bis 30 cm hoch. *Lederbraun.* An feuchten, sumpfigen Stellen auf Wiesen häufig. (An dem Moor bei der alten Ziegelhütte.)

680. **C. flava**, Hellgelbe-S. ♃, 5—6. 15 cm bis 30 cm hoch. Ährchen eiförmig, fast sitzend, bei der Reife *gelb.* Oberstes m., die zwei oder drei unteren w. An sumpfigen Wiesenstellen. (Um den Tiergärtnerteich.)

γ. Ährchen rundlich elliptisch oder lang eiförmig (bis walzlich).

* Alle Ährchen zwitterig.

681. **C. leporina**, Hasenpfoten-S. ♃, 6—7. 15 cm bis 30 cm hoch. Ährchen rundlich elliptisch, *graubraun.* Stock rasig, Blatt lang und schmal. Auf allen Wiesen und Triften gemein.

682. **C. canescens**, Weissgraue-S. ♃, 5—6. Bis 30 cm hoch. Ährchen fünf bis sechs, länglich-eiförmig, die beiden unteren etwas entfernt, die oberen näher stehend. *Weisslichgrün*. Auf sumpfigen Wiesenstellen häufig. Um die alte Ziegelhütte und ihr gegenüber auf der Wiese.

** Oberstes Ährchen m., die untenstehenden w.

683. **C. pallescens**, Blasse-S. ♃, 5—6. Bis 30 cm hoch. Die w. Ährchen (meist zwei) lang eirund, einander genähert, *rostfarbig*. H. beblättert, Blätter behaart. Auf feuchten Wiesen und Triften. (Um den Ramsberg, Nord-West-Abdachung.)

684. **C. vulgaris**, Gemeine-S. ♃, 4—5. Bis 30 cm hoch. Zwei bis vier w. Ährchen (meist vier), diese stumpf walzlich, 2 cm bis 2,5 cm lang, kaum gestielt, *braun* mit *grünem* Rand. Auf allen bewässerten Wiesen.

*** Zwei bis drei m. Ährchen obenstehend (sitzend), meist drei w. linienförmige (höchstens 2 cm lang) darunterstehend, lockerfrüchtig.

685. **C. digitata**, Gefingerte-S. ♃, 4—5. Bis 15 cm hoch. Blätter eine Rosette bildend, der seitlich die dünnen Halme (vier bis fünf) entspringen. Schattige Wälder. (Um den Fuss der Einfirste.)

III. Alle Ährchen lang walzlich, (2,5 bis 6 cm lang), gestielt, zuoberst mindestens zwei m., nach unten stehend mehrere w.

* Weibliche Ährchen lockerfrüchtig.

686. **C. silvatica**, Wald-S. ♃, 6. 30 cm bis 60 cm hoch. *Grün*. Vier w. Ährchen, langgestielt, hängend, dünn (4 bis 5 cm lang), Stock dichtrasig, Blatt breit und lang. Gemein auf Waldboden.

687. **C. panicea**, Hirsen-S. ♃, 5—6. Bis 30 cm hoch. Zwei w. gestielte Ährchen (bis 2,5 cm lang), aufrecht. *Schwarzbraun*. Auf allen feuchten Wiesen häufig.

** W. Ährchen dichtfrüchtig, aufrecht oder hängend.

688. **C. glauca**, Meergrüne-S. ♃, 4—5. 30 cm bis 50 cm hoch. W. Ährchen zwei bis drei, langgestielt, hängend. *Rostbraun*. Waldränder und feuchte Wiesen häufig. (Um den Ramsberg.)

689. **C. vesicaria**, Blasen-S. ♃, 4—5. *Gelblich oder grünlich*. Bis 60 cm hoch. W. Ährchen zwei bis drei, aufrecht, Früchte aufgeblasen, kegelförmig, H. rauhkantig, Blatt flach, *hellgrün*. An feuchten Gräben und den Ufern der Bäche gemein.

690. **C. ampullacea**, Flaschen-S. ♃, 5—6. Bis 60 cm hoch. Frucht fast kugelig aufgeblasen. H. glatt, Blatt rinnig, *graugrün*, sonst wie vorige. An gleichen Orten wie vorige, etwas weniger häufig. (Am Rande des alten Ziegelhütter Teiches.)

691. **C. hirta,** Kurzhaarige-S. ♃, 5—6. W. Ährchen aufrecht, Stock kriechend, bis 60 cm hoch. Der H. und das flache Blatt sind behaart, Frucht eiförmig (nicht aufgeblasen). An feuchten Stellen rundum L. häufig.

692. **C. acuta,** Spitzkantige-S. ♃, 5. 60 cm bis 1 m hoch. W. Ährchen drei bis vier, nach der Blütezeit hängend. *Braun* mit *grün*. Frucht schwach zusammengedrückt, Narben lang hervortretend. Auf feuchten Wiesen nicht selten. (An den Teichen im Schlossgarten.)

693. **C. paludosa,** Sumpf-S. ♃, 5—6. Bis 1 m hoch. W. Ährchen zwei bis drei, dick, bis 6 cm lang, aufrecht, *dunkelbraun*. An sumpfigen Teichstellen des Gebietes.

---

90. Familie: Aronartige Gewächse.

341. Arum, Aronstab. (XXI,1.)

694. **A. maculatum,** Gefleckter-A- ♃, 4—6. Kolben *braunrot*, gerade, keulig, von einer blattähnlichen Blütenscheide umschlossen. Blatt spiess-pfeilförmig, häufig braun gefleckt. Rechts der Strasse nach Freienseen, oberhalb des Kaffes unter Erlengebüsch.

Nach einer im vorigen Jahrhundert erschienenen Schrift, die terra sigillata Laubacensis betreffend, (deren Titel mir entfallen ist), soll der „Ramsberg" seinen Namen tragen (?) von dem dort häufig vorkommenden Aronstab und sonach „Aronsberg" (?) heissen. (Volkssprache „Rossberg.") Die Pflanze fehlt dort jetzt gänzlich.

342. Acorus, Kalmus. (VI, 1.)

695. **A. calamus,** Gemeiner-K. ♃, 6—7. Soll aus Indien stammen. Wurzelstock wagrecht kriechend, fleischig, von aromatischem Geruch. Kolben seitlich der schwertförmig blattartigen Scheide stehend. Am Schlossgartenteich (vereinzelt).

---

91. Familie: Rohrkolbengewächse. (XXI, 3.)

343. Typha, Rohr- oder Teichkolben.

696. **T. latifolia,** Breitblätteriger-R. ♃, 6—8. Schilfähnlicher Stengel bis 2 m hoch. Blatt bis 2,5 cm breit, endständiger Kolben walzlich, *schwarzbraun*. Im Tiergärtnerteich häufig.

344. Sparganium, Igelkopt.

697. **Sp. ramosum**, Ästiger-I. ♃, 7—8. Stengel aufrecht, ästig, bis 60 cm hoch, Köpfe kugelig. In der Wetter und deren Zuflüssen häufig. (Steinbach, Schellenbach.)

92. Familie: Wasserlinsengewächse.

345. Lemna, Wasserlinse. (II, 1, 5.)

698. **L. minor**, Gemeine-W. ⊙, 5. Laub scheibenförmig rundlich, unterseits flach, mit nur einer haarförmigen Wurzel. In Teichen und Sümpfen gemein.

93. Familie: Najaden.

346. Potamogeton, Laichkraut. (IV, 4.)

I. Alle Blätter lederartig, schwimmend.

699. **P. natans**, Schwimmendes-L. ♃, 7—8. Blatt am Grunde schwach herzförmig. Im Tiergärtnerteich, im Schwanenteich, gemein.

II. Alle Blätter häutig, ganze Pflanze untergetaucht.

700. **P. lucens**, Spiegelndes-L. ♃, 7—8. Die ovalen Blätter sind firnisartig-glänzend. Gemein an gleichen Orten mit der vorigen.

701. **P. crispus**, Krausblätteriges-L. ♃, 5—6. Die lineal länglichen Blätter sind wellig krausrandig. In der Wetter (Steinbach), in der Horloff (Mühlgraben zwischen der Horloffsmühle und der Friedrichshütte) häufig.

94. Familie: Froschlöffelgewächse.

347. Alisma, Froschlöffel. (VI, 5.)

702. **A. plantago**, Gemeiner-F. ♃, 5—7. *Blassrötlich.* Blütenstand rispig. Stengel bis 1 m hoch. Blatt gross, langgestielt, oval. In Teichen (Alter Ziegelhütterteich) und Wassergräben (Geisenwiese, um den Tiergärtnerteich) gemein.

B. Nacktsamige.

95. Familie: Nadelhölzer.

348. Pinus, Kiefer. (XXI.)

(Nadeln lang, zwei bis fünf in einer Scheide.)

703. **P. silvestris**, Gemeine-K. ♄, 4—5. Nadeln zu zwei. Waldbaum. Vereinzelt oder in kleineren Beständen. (Ramsberg, Strasse nach dem Jägerhaus.)

Von ausländischen Arten finden sich angepflanzt:

704. **P. strobus**, Weymouths-K. ♄, 5—6. Nadeln dünn, zu fünf. An der Wetter (unterhalb des Eselskopfes), im Schlossgarten.

705. **P. nigricans**, Schwarz-K. oder Österreichische-K. ♄, 5. Nadeln zu zwei, *dunkelgrün*, kräftig und sehr lang. Im Schlossgarten.

349. Larix, Lärche. (XXI.)

(Nadeln in Büscheln gehäuft, nur sommergrün.)

706. **L. europäa**, Gemeine-L. ♄, 4—5. Waldbaum. Vereinzelt (am Fussweg nach Röthches) oder untermischt (am sogenannten Parrniederswäldchen).

350. Picea, Fichte. (XXI.)

(Nadeln einzeln, stielrund, rund um den Zweig stehend, Zapfen hängend.)

707. **P. vulgaris**, Rot-Tanne oder Gemeine-F. ♄, 5. Häufiger Waldbaum.

708. **P. alba**, Weiss-Fichte. ♄. Zapfen sehr klein, Nadeln *weissgrau*. (Schlossgarten, Kirchhof.)

351. Abies, Tanne. (XXI.)

(Nadeln einzeln, flach, kammartig zweireihig, unterseits mit weissen Längsstrichen, Zapfen aufrecht.)

709. **A. pectinata**, Edel- oder Weiss-T. ♄, 5—6. Vereinzelt im Walde (oberhalb des Sänges, Anhöhe zur sogenannten „Lehmkaute" und im Schlossgarten).

352. Juniperus, Wachholder. (XXII.)

(Frucht ein Beerenzapfen.)

710. **J. communis**. ♄, 4—5. Blätter nadelförmig zu dreien. An steinigen Abhängen.

Nur angepflanzt (mit schuppenförmigen Nadeln) finden sich:

711. **J. sabina**, Sadebaum, kriechender ♄, im Schlossgarten.

712. **J. virginiana**, Virginische-Ceder, ♄, 5, im Schlossgarten, oberhalb des Schwanenteiches.

353. **Taxus**, Taxbaum oder Eibe. (XXII.)

713. **T. baccata**, Gemeiner-T. ♄, 3—4. Nadeln flach, starr, stachelspitzig, zerstreut (scheinbar zweizeilig). Samenmantel *rot*. Im Schlossgarten.

354. **Thuja**, Lebensbaum. (XXI.)

(Äste und Zweige zusammengedrückt, Blätter vierreihig, schuppenförmig.)

714. **Th. orientalis**, Morgenländischer-L. ♄ und ♄, 5. Aus Afrika. Beerenzapfen fleischig. Zweige aufrecht, beiderseits *grün*. Auf Kirchhöfen und in Gärten. (Lieferte den Römern kostbares Luxusholz.)

715. **Th. occidentalis**, Abendländischer-L, ♄ und ♄, 4—5. Zapfenschuppen lederartig trocken. Zweige ausgebreitet. In Gärten angepflanzt. (Aus Nord-Amerika.)

355. **Salisburia**, Ginkgo-Baum.

(Blatt breit, keilförmig, lederartig.)

716. **S. adiantifolia**, Gemeiner-G. ♄. Durch seine breiten Blätter vor allen Zapfenträgern ausgezeichnet, nur sommergrün. Aus Japan. Ein etwas verkrüppeltes Exemplar im Schlossgarten.

Zweite Hauptabteilung:

Verborgenblütige Pflanzen

(Sporenpflanzen.)

A. Gefässpflanzen.

96. Familie: Bärlappe.

356. Lycopodium, Bärlapp.

717. **L. chamäcyparissus,** Zusammengedrückter-B. ♃, 7—8. Äste zusammengedrückt, gabelig verzweigt, mit gegenständigen, vierzeiligen, ungleichen Blättern. An einer Stelle des Weges nach Weickartshain, im Wildfrauberg (rechts).

718. **L. clavatum,** Schlangenmoos. ♃, 7—8. Blätter spiralig gestellt, Stengel kriechend, Fruchtäste aufsteigend, bis 5 cm hoch. Soll nach Roth in den Birken vorkommen, bis jetzt nicht auf Exkursionen gesammelt.

97. Familie: Schachtel- oder Schafthalme.

357. Equisetum, Schachtelhalm.

(Stengel hohl, mit quirlständigen, gezahnte Scheiden bildenden Blättern.)

I. Fruchttragender Stengel von dem unfruchtbaren verschieden.

719. **E. arvense,** Acker-Sch. ♃, 3—4. Der fruchttragende Stengel stirbt nach der Sporenreife ab. Gemeines Ackerunkraut.

Die fruchttragenden Stengel beblättern sich „nach“ der Sporenreife und sehen dann den unfruchtbaren ähnlich.

720. **E. silvaticum,** Wald-Sch. ♃, 4—5. Bis 60 cm hoch. Die unfruchtbaren Stengel tragen wiederholt verzweigte, lang hängende Äste. An schattigen, feuchten Stellen der Buchenwaldungen gemein.

721. **E. pratense,** Wiesen-Sch. ♃, 4—5. Bis 25 cm hoch. Die unfruchtbaren Stengel mit einfachen, etwas abwärts geneigten Zweigen. Am oberen Ende der „Tiergarten-Wiese.“

II. Die Ähren stehen am Ende der beblätterten Stengel.

722. **E. palustre,** Sumpf-Sch. Bis 40 cm hoch. Stengel gefurcht, mit oder ohne Zweige. Scheiden mit höchstens sechszehn Zähnen. An den Ufern der Wetter häufig. (Steinbach.)

723. **E. limosum,** Schlamm-Sch. Bis 1,20 m hoch. Stengel nicht gefurcht (glatt), mit oder ohne Zweige. Scheiden bis zu dreissig Zähnen. Im Tiergärtnerteich, häufig.

---

98. Familie: Natterzungen.

358. Ophioglossum, Natterzunge.

(Fruchttragende Ähre gestielt, unfruchtbare länglich, eiförmig, ungeteilt (blattförmig).

724. **O. vulgatum,** Gemeine-N. ♃, 7—8. Wedel 5 cm bis 30 cm lang, gestielt. Auf der Wannwiese, in feuchten Gräben am südwestlichen Waldrande, nicht selten. (Friedrich, Graf zu Solms-Laubach.)

359. Botrychium, Mondraute.

(Fruchttragender Wedel rispig, unfruchtbarer fiederförmig geteilt (blattähnlich.)

725. **B. lunaria,** Gemeine-M. ♃, 5—6. Wedel 4 cm bis 30 cm hoch. Soll nach Angabe des Grafen Hermann zu Solms-L. an der gleichen Stelle mit der vorigen früher sehr häufig gewesen sein, ist indessen in den letzten Jahren dort nicht gefunden worden.

---

99. Familie: Farne.

360. Polypodium, Tüpfelfarn.

726. **P. vulgare,** Gemeiner-T. oder Engelsüss. ♃. Wedel 15 cm bis 45 cm lang, im Umriss lanzettlich, tief fiederspaltig. An einer Grabenmauer im unteren Schlossgarten häufig. Burgberg an der Bingmühle.

361. Phegopteris, Eichenfarn.

727. **Ph. dryopteris,** Gemeiner-E. ♃, 6—9. Wedel zwei- bis dreifach gefiedert, 15 cm bis 30 cm lang, dünnhäutig, im Umriss breit dreieckig. In feuchten Einsenkungen der Buchenwaldungen nicht selten. Am Laubacher Pflanzgarten, Abdachung des Hausplatzes nach der „langen Wiese“ zu u. a. a. O.

362. Pteris, Saumfarn.

728. **P. aquilina**, Adler-S. oder Adlerfarn. ♃, 6—8. Bis 3,5 m hoch, Wedel im Umriss dreieckig eiförmig, Stiel dreiteilig, jeder Ast doppelt gefiedert. An dem Abhang des Freienseener Fusspfades nach der Zwillingsseife zu, an einer Stelle, soll sich auch im Kirchberg finden (Angabe des Grafen Friedrich zu Solms).

363. Asplenium, Streifen- oder Strichfarn.

Wedel blattartig, gefiedert.

729. **A. ruta muraria**, Mauerraute. ♃, 7—8. Doppelt gefiedert, Fiederchen rhombisch. Nordrand der Schlossmauern, an Mauern im Hainberg, häufig.

730. **A. trichomanes**, Roter-St. ♃, 6—10. Einfach gefiedert. An gleichen Orten, wie die vorige Pflanze gemein.

Wedel fast fadenförmig, an der Spitze gabelig geteilt.

731. **A. septentrionale**, Nördlicher-St. ♃, 7—8. Wedel 5 bis 13 cm lang. Nur sehr vereinzelt zwischen grossen Basaltblöcken an der Ostseite des Ramsberges. (Friedrich, Graf zu Solms.)

Wedel in kreisförmigen Büscheln, bis 1 m hoch, doppelt gefiedert mit linealen Zipfeln.

732. **A. filix femina**, Falscher Wurmfarn, ♃, 6—8. An Graben- und Wegrändern sehr häufig.

364. Aspidium, Schildfarn.

733. **A. filix mas.**, Gebräuchlicher-Sch. An steinigen Orten der Bachläufe und an feuchten Gräben innerhalb der Wälder gemein. Wedel ähnlich wie 732, Zipfel langrund.

365. Cystopteris, Blasenfarn.

734. **C. fragilis**, Zerbrechlicher-B. ♃, 6—8. Wedel dünnhäutig, doppelt gefiedert, bis 30 cm lang. An dem Nordrand und an der Seite gegen das grüne Meer hin auf der Schlossmauer, häufig.

Berichtigungen.

Seite:	16,	statt:	Geisfuss,	lies:	Geissfuss.
„	29,	„ :	hyppocastanum	„ :	hippocastanum.
„	39,	„ :	Akelei	„ :	Ackelei.
„	58,	„ :	Biberklee	„ :	Bieberklee.
„	59,	„ :	Geisblatt	„ :	Geissblatt.
„	60,	„ :	♄, bei Nr. 455	„ :	♄.
„	61,	„ :	Scherardie	„ :	Sherardie.

Verzeichnis der **botanischen** Gattungs-Namen.

Verzeichnis der **deutschen** Gattungsnamen.

Verzeichnis der Familiennamen.

Karte zur „Flor

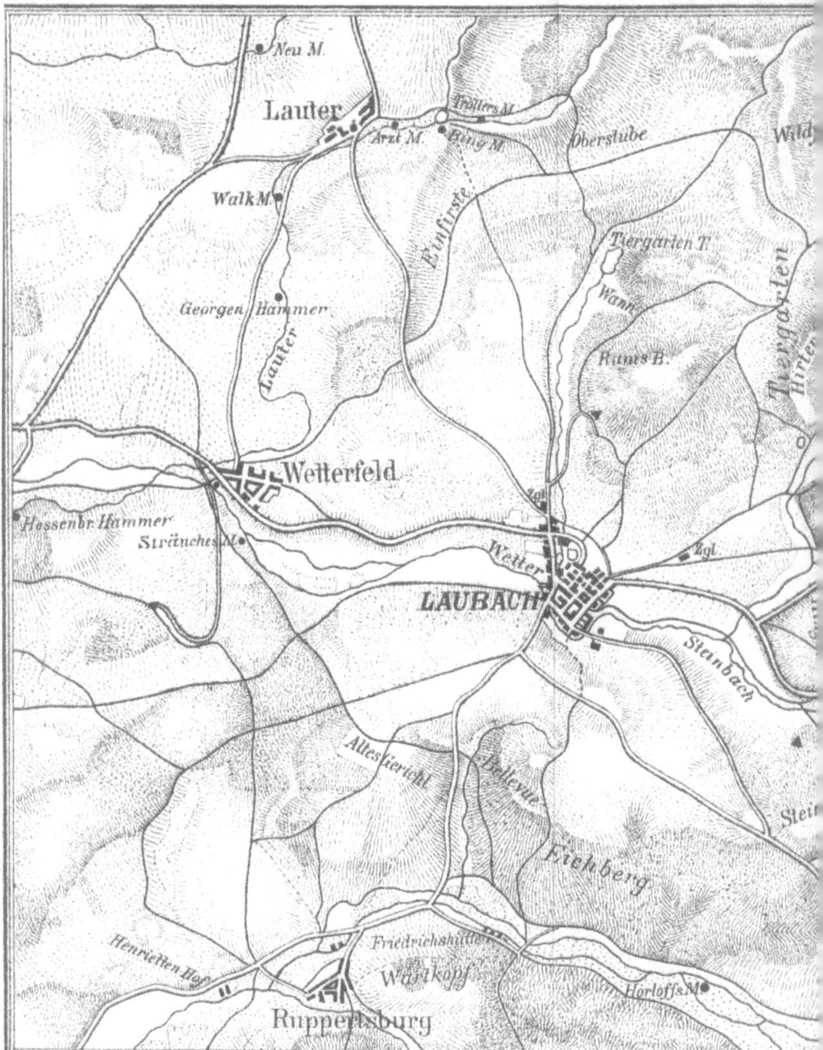

…n von Laubach."

1 Kilometer.

FSC
www.fsc.org
MIX
Papier | Fördert
gute Waldnutzung
FSC® C083411

Zeitfracht Medien GmbH
Ferdinand-Jühlke-Straße 7
99095 Erfurt, Deutschland
produktsicherheit@kolibri360.de